JN029426

d 実務直結シリーズ Vol.2

第3版

行政書士のための
建設業
実務家養成講座

この本で建設業に強い行政書士になる。

行政書士
菊池 浩一 著　　行政書士
竹内 豊 監修

税務経理協会

第3版刊行にあたって

お蔭様で，この度，第3版を刊行することができました。誠にありがとうございます。

初版より，本書は，「建設業許可関連手続を取り扱っていない者」「社会人経験のなく（少なく）行政書士になった者」といった読者が，いざ行政書士として建設業許可申請業務を行う際に少しでも役立つことを目標にしたものです。

その中でも，許可形態の基本形たる「一般建設業で都道府県知事許可」にこだわって記載しました。それは，初心者の方にとって手続きの機会に恵まれる可能性が高いからです。

ただ，各都道府県で申請手続を行いますと，許可要件立証の範囲，立証書類の種類から実際の役所の窓口対応など，それぞれに違いを多く感じます。さらに近年，建設業法関連の法改正が連続し，今後は申請方法によっては手続きが複雑になる可能性が出てきました。

これらの事情を本書にどこまで取り込むか苦慮しましたが，最終的には，初心者の方にとって不要な知識は極力取り除き，最低限の基本知識に絞り込みました。それは，私の経験上，100のあいまいな知識を持ち合わせるよりも，まずは核となる20の基本を確実に理解している方が，業務遂行の上で大きな力を発揮する（応用も利く）と感じているからです。

このような観点をご理解の上，本書をご利用いただければ少なからず一定の効果が得られると考えています。案件によっては足りない場合もありますが，その点は本書でも指摘している方法を参考に（信頼できる方に相談する，各都道府県の手引書や専門書等で学ぶなど）適宜，補っていただけたらと思います。

初心者の皆さんが行う申請手続が円滑に進むことを願っております。

令和5年7月

菊池　浩一

第3版監修のことば
著者が目の前にいる錯覚に陥る本

　本書は，行政書士のための「実務直結シリーズ」の第2弾として2016年に出版されました。現在に至るまで多数の方の支持を受け，このたび第3版として出版する運びとなりました。監修者として読者の皆さまに心より御礼申し上げます。

　著者の菊池浩一先生は，2001年に開業以来，建設業の許可取得を希望する多数の個人・法人から相談・依頼を受けています。

　本書には，著者の現場で培った経験知と建設業法の深い知識によって，行政書士を志す方・建設業務に興味がある行政書士・建設業務の経験が浅い行政書士に，従来にも増して「実務直結」の心得と技が余すことなく・深く・わかりやすく公開されています。

　本書の特長は2つあります。ひとつは，建設業務を遂行する手順に忠実に書かれていることです（実は，このことは相当難しい！）。もうひとつは，徹頭徹尾，実務の「相手」である「相談者・依頼者」を念頭に置いて書かれていることです。

　したがって，本書の内容を理解し実践すれば，建設業務のイメージを自然と掴むことができて速やかに業務を遂行できるようになります。また，相談者・依頼者とのコミュニケーションを円滑に行うことができるようになるので「高い受任率」と「満足行く報酬」の実現も期待できます。

　加えて，著者は，実務を通して編み出した「チェックリスト」「必要書類リスト」等のオリジナル資料，類書ではまず見られない見積書の作り方，集客のヒントに至るまで懇切丁寧に公開しています。きっと，読者は読み進めていくにつれて，著者から1対1で講義を受けている錯覚に陥るに違いありません。

近年の建設業法改正・コロナ禍の影響による行政とのやり取りの変化に対応して一冊の本にまとめ上げるのは，相当なご苦労が伴ったと推察します。このような状況下で本書を世に送り出してくれた著者に心より敬意を表すると共に，読者が本書をきっかけに建設業を専門分野の一つとして確立し，相談者・依頼者と行政の架け橋としてご活躍されることを心よりお祈り申し上げます。

2023年7月

竹内　豊

初版はしがき

本書は，建設業法の知識を高める本でも高度な申請手続を伝える本でもない。

行政書士として建設業許可関連手続を行う際に，最低限，依頼者と役所とのトラブルを避け，円滑に業務を遂行するための本である。

したがって，次のような読者を対象としている。

・建設業許可関連手続を取り扱っていない方

・社会人経験が浅い状態で行政書士になった方

建設業業務に熟練されているベテランの行政書士には参考になる箇所は少ないことをあらかじめご了承いただきたい（一般・知事許可を中心に記載しており，また，財務諸表の作成方法には細かく触れていない）。

本書を執筆した背景には，行政書士が関与する仕事として建設業が上位を占める一方で，顧客と役所とのトラブルもまた多いことにある（トラブルの内容は本書の中で詳述する）。

そこで本書は，まず通常の業務フローと想定されるトラブルおよびその回避の方法を解説する。そのうえで，より安心して仕事を受任できる知識を習得することを目的としている。

「適正に業務を行い，トラブルなく報酬を得る」という一般社会にて当たり前のことが，業務遂行が不慣れでうまくできないという話を聞く。

　業務に対する自信がなく，報酬請求の仕方もよくわからないために，「満足な報酬」を得られない行政書士が大勢いるようである。

　本書の目的は，読者に業務の流れをわかりやすく提示すること。そして読者が顧客と役所とトラブルなく業務をすみやかに遂行し，満足いく報酬を得ることにある。

　つまり，新しく行政書士になった者への応援の本である。

　行政書士のメイン業務は「行政書士」という名のとおり，許認可業務をはじめとする行政手続である。

　本書の内容をマスターできれば，これを土台として，より高度な建設業許可申請手続，さらにその他の許認可関連手続にも応用できる。

　本書がこれから建設業に取り組もうとする行政書士にとって役立てば幸いである。

（注）　本書は平成28年6月1日施行の建設業法改正に沿って記載されている。なお，実務においては最新の法令にあたっていただきたい。

平成28年10月

菊池　浩一

《目　次》

第3版刊行にあたって

第3版監修のことば

初版はしがき

序　章　行政書士と建設業

第1章　受任のために「準備」しておくべきこと

第2章　トラブルを回避して円滑に業務を遂行する肝

第3章　業 務 手 順

第4章　「見積書」の作り方

索　引

【図表】一覧

序章　行政書士と建設業

第1章　受任のために「準備」しておくべきこと

第6章　典型事例ワーク

【記載例】一覧

第3章　業務手順

第4章　「見積書」の作り方

【ここが実務のポイント】一覧

第4章　「見積書」の作り方

【Column】一覧

序章　行政書士と建設業

第1章　受任のために「準備」しておくべきこと

第2章　トラブルを回避して円滑に業務を遂行する肝

【事例】一覧

第6章　典型事例ワーク

◎凡　例

1. 法　令

カッコ内では，通常の用語に従い略記する。主なものは次のとおり。

例：建設業法19条1項3号→建設19①三

略　　記	法　　律
建設	建設業法
建設政令	建設業法施行令
建設規則	建設業法施行規則
行書	行政書士法
民	民法

2. 参考文献

① 国交省の資料

「建設業許可事務ガイドライン」　令和3年12月9日国不建第361号

「監理技術者制度運用マニュアル」

「一括下請負の禁止について」

「発注者・受注者間における建設業法令遵守ガイドライン」

「元請負人と下請負人における建設業法令遵守ガイドライン」

「建設業者の不正行為等に対する監督処分の基準」

「経営業務管理責任者の大臣認定要件の明確化について」

「主任技術者又は監理技術者の「専任」の明確化について」

② 各都道府県の資料

「建設業許可申請・変更の手引」（令和4年度東京都都市整備局市街地建築部建設業課）

「建設業許可申請の手引き」（令和4年度神奈川県）

「建設業許可の手引」（令和3年4月千葉県県土整備部建設・不動産業課）

「建設業許可申請の手引」（令和4年4月埼玉県）

「建設業許可申請のしおり」（令和4年6月群馬県県土整備部建設企画課）

「建設業許可の手引」（令和3年4月秋田県建設部建設政策課）

「建設業許可申請の手引き」（令和3年10月大阪府住宅まちづくり部建築振興課）

「建設業許可申請の手引き」（令和3年8月広島県建設産業課）

③　体系書・教科書

『新しい建設業法遵守の手引』（建設業適正取引推進機構，大成出版社）

『建設業の許可の手引き』（建設業許可行政研究会，大成出版社）

『建設業許可Q&A』（一般社団法人全国建行協，日刊建設通信新聞社）

『逐条解説　建設業法解説（改訂12版）』（建設業法研究会，大成出版社）

『逐条解説　建設業法』（山口康夫，新日本法規出版）

『建設業関連法令集』（建設業法研究会，大成出版社）

④　一　　般　　書

『建設業界の動向とカラクリがよくわかる本』（阿部守，秀和システム）

建設通信新聞

日刊建設工業新聞

『高収益企業のつくり方』（稲盛和夫，日本経済新聞社）

『アメーバ経営』（稲盛和夫，日本経済新聞社）

⑤　会　　　　報

「許可Q&A（改訂3版）」（東京都行政書士会建設宅建部）

「建設業財務諸表マニュアル（改訂6版）」（東京都行政書士会）

「日本行政」（日本行政書士会連合会）

「行政書士とうきょう」（東京都行政書士会）

⑥　そ　の　他

相談技法に関連して

『司法書士の法律相談』（編集代表加藤新太郎，第一法規）（第1，2編）

※　絶版の本も含む点につき，ご了承ください。

◎５つの特徴

その１　実務の「流れ」に沿って書いた

　新規の建設業許可業務を行うための「準備」から「業務完了」まで，「ものごとが起きる順序」に書いた。一読すれば業務を俯瞰（ふかん）できる。

その２　実務が「イメージ」できるように書いた

　相談者像，現場で行われる面談の状況，請求の仕方を解説して，新規の建設業許可業務の未経験者でも，実務がイメージできるように書いた。

その３　「受任」にこだわって書いた

　「受任できる・できない」は相談者と最初に会う場である「面談」で決まる。面談の流れを詳細に書いた。

その４　「ここが実務のポイント」で，実務の「肝」を書いた

　「受任できる・できない」「トラブルになる・ならない」といった実務の局面で押さえておくべきポイントを示した。

その５　「報酬・見積り」について書いた

　2000年の行政書士法改正によって行政書士の報酬は会則規定から自由設定方式になった。報酬で悩んでいる者は大勢いる。本書では「受任につながる」見積の決め方について詳述した。

◎効果的活用方法

　本書でまず行政書士の建設業業務を俯瞰する。同時に役所の手引書を読み込む。次に，「建設業法」等の法令，「コンメンタール」，「役所発表のガイドライン」，「専門書」で「経験知」を増やす。そうすれば，実務に対応可能な「実務脳」を手に入れることができる。

　なお，本書は可能な限り根拠条文を記載した。知識を定着させるために，建設業法等の条文に当たりながら読むことをお勧めする。

　また，本書に上記書籍や実務で得た情報を書き込めば，より実践的なテキストとなる。

「本書」「手引書」「法令」等の相関関係

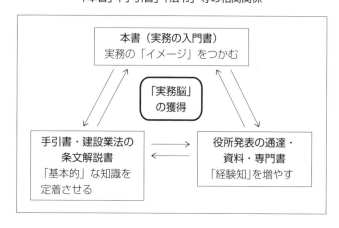

本書の「鳥瞰図」

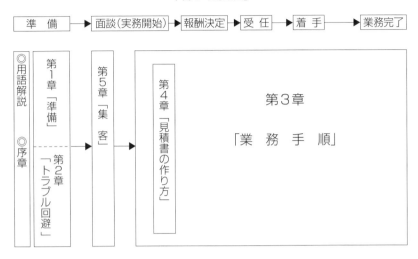

◎本書を読むための用語解説

　本書には，専門用語が登場する。ここでは，登場頻度の多い用語を中心に解説しておく。

　本書を読み進めて，用語の意味がわからなくなったら，まずはここに立ち戻ってほしい。

1. 一 般 論

建 設 工 事：土木建築に関する工事で図表4（P20参照）に掲げるもの

軽微な工事：以下の①または②に該当する工事（建設業許可は不要）

　　　　　　① 建築工事では，1件の請負代金（建設工事請負契約に基づく報酬金額。消費税も含む）が1,500万円未満の工事，または延べ面積が150㎡未満の木造住宅工事

　　　　　　② 建築工事以外の建設工事では，1件の請負代金が500万円未満の工事

建 設 業：元請，下請その他いかなる名義をもってするかを問わず，建設工事の完成を請け負う営業のこと

建 設 業 者：建設業を営む者

　　　　　　但し，建設業法上「建設業者」とは建設業許可を受けて建設業を営む者

2. 許可段階（建設業を始めるとき・許可内容に変更が生じたとき）

一般建設業許可：特定建設業に該当しない建設業許可のこと

特定建設業許可：発注者から直接受注した工事（元請・下請間の契約）につき下請への工事の請負金額（消費税込）が4,500万円以上（「建築一式工事」については7,000万円以上）の場合に必要となる建設業許可のこと（複数の下請業者に発注する場合はその合計額による）

　　　指定建設業：特定建設業のうち，「土木工事業」，「建築工事業」，「管工事業」，
　　　　　　　　　「鋼構造物工事業」，「舗装工事業」，「電気工事業」，「造園工事
　　　　　　　　　業」の７業種に当たるもの

　　　知 事 許 可：１つの都道府県のみに営業所がある場合

　　　大 臣 許 可：２つ以上の都道府県に営業所がある場合（国土交通大臣許可）

　　　変更届出書：申請事項に変更があった場合に提出する届出

① 「人材」要件

　(1)　経営業務の管理を適正に行う能力（以下略して「経営管理能力」という）を
　　　有する者が単独でいること（従来の経営業務管理者）

　もしくは

　(2)　経営管理能力を組織（常勤役員とこれを直接補佐する者のチーム）として有
　　　すること

　　　経営管理能力：一定期間，建設業の財務管理・労務管理・業務運営のすべ
　　　　　　　　　　てを業務（経営経験）として行っていること

　　　準 ず る 地 位：経営業務を執行する権限の委任を受けた者

　　　(1)について

　　　経営業務管理責任者：建設業の経営経験を十分有し，原則として本社，本
　　　　　　　　　　　　　店等に常勤している者（許可要件の一つ）

　　　(2)について

　　　常勤役員等：例として法人の役員（「執行役員」を除く），個人事業主，支配
　　　　　　　　　人，営業所長，支店長など

　　　直接補佐者：経営業務管理責任者（①(1)）の要件を満たさない常勤役員等
　　　　　　　　　を直接補佐する者
　　　　　　　　　建設業の財務管理・労務管理・業務運営の経験期間が重複し
　　　　　　　　　て認められる。すべての業務経験があれば１名でもよい。

　　　財 務 管 理：建設工事を施工するにあたって必要な資金の調達や施工中の
　　　　　　　　　資金繰りの管理，下請業者への代金の支払などに関する業務
　　　　　　　　　のこと

労 務 管 理：社内や工事現場における勤怠の管理や社会保険関係の手続き
　　　　　　に関する業務のこと

業 務 運 営：会社の経営方針や運営方針の策定，実施に関する業務のこと

専任技術者：建設業の技術の資格・実務経験を有し，営業所に常勤して専
　　　　　　ら職務に従事することを要する者（許可要件の一つ）

専任技術者における「実務経験」（以下，単に「実務経験」という）：
　　　建設工事の施工を指揮，監督した経験および実際に建設工事の施工に
　　　携わった技術上の経験

不正な行為：請負契約の締結または履行の際の詐欺，脅迫等法律に違反す
　　　　　　る行為

不誠実な行為：工事内容，工期等請負契約に違反する行為

② 「施設」要件

営 業 所：本店，支店，または常時建設工事の請負契約を締結する事務
　　　　　　所

③ 「財産」要件

自 己 資 本：（法人）　貸借対照表「純資産の部」の「純資産合計」の額
　　　　　　　（個人）　期首資本金，事業主借勘定および事業主利益の合計
　　　　　　　　　　　額から事業主貸勘定の額を控除した額に負債の部に計
　　　　　　　　　　　上されている利益留保性の引当金および準備金の額を
　　　　　　　　　　　加えた額

決算書（財務諸表）：一定期間の経営成績や財務状態等を明らかにするた
　　　　　　　　　めに作成される書類。すなわち，貸借対照表（B/S），
　　　　　　　　　損益計算書（P/L），キャッシュ・フロー計算書（C/
　　　　　　　　　F），株主資本等変動計算書（S/S）で構成される書
　　　　　　　　　類のこと

貸借対照表：一定時点における資産，負債，純資産の状態を表すために作
　　　　　　成される書類
　　　　　　「バランスシート」（B/S）ともいう

損益計算書：一定期間の収益と費用を明らかにし，企業の経営成績を表す
　　　　　　ために作成される書類。「プロフィット・ロスステートメン
　　　　　　ト」（P/L）ともいう

残高証明書：預貯金がどのくらい保有されているかを示す金融機関発行の
　　　　　　書類

3．契約段階（建設工事を受注するとき・下請に発注するとき）

請 負 契 約：当事者の一方が建設工事の完成を約束し，相手方がその仕事の
　　　　　　対価として報酬を支払うことを約束する契約

下 請 契 約：建設工事を他の者から請け負った建設業を営む者と他の建設業
　　　　　　を営む者との間で当該建設工事の全部または一部について締結
　　　　　　される請負契約のこと

発　注　者：建設工事（他の者から請け負ったものを除く）の注文者のこと

元　　　請：下請契約における注文者

下　　　請：下請契約における請負人

4．契約段階（公共工事を元請として受注するとき）

経営事項審査：公共性のある施設または工作物に関する建設工事（以下「公
　　　　　　共工事」という）を発注者から直接請け負おうとする建設業
　　　　　　者（許可を受けた者）が受けなければならない審査。公共工事
　　　　　　の入札参加資格申請を行うための前提となる。通常「経審」
　　　　　　と呼ばれる。

5．施工段階（建設工事を施工するとき）

配置技術者：建設工事の施工の技術上の管理を行う者（主任技術者・監理技術
　　　　　　者）。建設業法上，許可業者は，専任（工事の施工中は常時継続し
　　　　　　て工事現場にいること）か非専任（現場の掛け持ちが可能）に関わ
　　　　　　らず，請負工事金額に応じて，配置技術者を置くこと要求され

ている。2．①記載の専任技術者と異なる点に注意

主任技術者：許可業者が請け負った建設工事を施工する場合（請負金額の大小，元請・下請の区別なし）に，工事現場に施工上の管理をする配置技術者（監理技術者には該当しない者）

監理技術者：発注者から直接工事を請け負い，そのうち4,500万円（建築一式工事の場合は7,000万円）以上の下請契約（元請と下請との契約）をする場合，当該工事現場に施工上の管理をする配置技術者

◎建設業法関連の大きな法改正

　平成28年6月1日以降で，特に建設業許可に関連する改正を挙げておきます。

　特徴としては，許可要件に直接的・間接的に関連する事項が多く，実際に申請手続に影響する改正の連続でした。以下，概要をまとめておきましたので，ご確認ください。

令和2年10日1日建設業法及び施行規則改正

① 社会保険の加入が許可要件

② 経営業務管理責任者の要件変更

③ 許可の承継及び相続に関する認可制度新設

令和3年1月1日施行規則改正

・申請書（施行規則の別記様式）への押印が不要

　但し，廃業届出書（一部廃業を含む）の場合，廃業届出書（施行規則別記様式22号の4）も押印不要となるが，申請者の意思による提出であることを確認するために法人の場合は印鑑証明書，個人事業主の場合はご本人の運転免許証など，本人確認ができる書類の提示を必要とする。

令和4年11月18日建設業法施行令（昭和31年政令第273号）の一部を改正する政令（令和4年政令第353号）

① 特定建設業の許可及び監理技術者の配置が必要となる下請代金の引き上げ

② 監理技術者等の専任を要する請負代金額等の引き上げ

施行日：令和5年1月1日（日）　　　　※（）内は建築一式工事の場合

	現行	改正後
特定建設業の許可・監理技術者の配置・施工体制台帳の作成を要する下請代金額の下限	4,000万円 （6,000万円）	4,500万円 （7,000万円）
主任技術者及び監理技術者の専任を要する請負代金額の下限	3,500万円 （7,000万円）	4,000万円 （8,000万円）
特定専門工事の下請代金額の上限	3,500万円	4,000万円

③　技術検定制度の見直し

❶　技術検定の受検資格を国土交通省令で定め，省令改正により現行の受検資格の見直し

❷　受検資格の見直しに伴い，大学，高等専門学校，高等学校又は中等教育学校において国土交通大臣が定める学科を修めて卒業した者等は第一次検定の一部を免除

※施行日は1，2ともに令和6年4月1日（月）となります。

序　章　行政書士と建設業

　「建設業許可の取得」は，行政書士の代表的な業務の一つである。建設業業務専門で仕事をしている行政書士も全国に多く存在する。

　その背景は次のとおりである。

1　建設業許可について

　建設業法では，建設業を始めるには，以下に掲げる「軽微な工事」（※）を行う場合を除き，建設業の許可が必要なことが定められている（建設3）。

※　許可を不要とする「軽微な工事」とは，以下のものをいう（建設3①，建設政令1の2）。

①　建築工事では，1件の請負代金（建設工事請負契約に基づく消費税を含む報酬金額）が1,500万円未満の工事，または延べ面積が150㎡未満の木造住宅工事

②　建築工事以外の建設工事では，1件の請負代金が500万円未満の工事

建設業許可を受ける主なメリットは，次のようなことが挙げられる。

・今まで受注できなかった工事（「軽微な工事」以外の工事）を受注できるようになり売上アップにつながる。

・許可を取得したことで社会的な信用度が高まり，新たな販路拡大につながる。

2 建設業に係る法律

　建設業に関連する法律は，建設業法をはじめ，建築基準法，公共工事の品質確保の促進に関する法律，公共工事の入札及び契約の適正化の促進に関する法律，住宅の品質確保の促進に関する法律等が存在する。ここでは，建設業界の基本的ルールを定めていて行政書士が業務を行う上で一番重要な建設業法について解説する。

(1) 建設業法の構造

　建設業には次のような段階がある。
　・建設業を始めるとき
　・建設請負工事（公共工事を含む）を受注するとき
　・建設請負工事を下請に発注するとき
　・建設工事を施工するとき
　・建設業法に違反したとき
　そこで建設業法は，図表1のように，各段階に対応できるように規定している。

図表1◆建設業法の全体構造

建設業における さまざまな段階	建設業法における「章」	「章」の タイトル	補　足
建設業者に対しての心得	第1章（第1条，第2条）	総則（目的・定義）	建設業法の目的や同法にて使用される用語に関して記載してある。
許可前 建設業を始めるとき	第2章（第3条－第17条の3）	建設業の許可	一般・特定建設業の許可制度に関して記載してある。
契約段階 建設工事を受注するとき 下請に発注するとき	第3章（第18条－第24条の8）	建設工事の請負契約	建設工事を行う上での発注者と元請，元請と下請等に関する請負契約のルール（注文者の義務・受注者の義務・元請の義務・特定建設業者の義務等）に関する規定や公共工事を元請として受注する前提として必要な経営事項審査手続に関して記載してある。
公共工事を元請として受注するとき	第4章の2（第27条の23－第27条の36）	建設業者の経営に関する事項の審査等	
建設工事の請負契約に関する紛争が生じたとき	第3章の2（第25条－第25条の26）	建設工事の請負契約に関する紛争の処理	
施工段階 建設工事を施工するとき	第4章（第25条の27－第27条の22）	施工技術の確保	工事現場への技術者の配置，下請業者の指導・監督，施工体制台帳の整備等に関して記載してある。
建設業法に違反したとき	第5章（第28条－第32条）	監督	建設業法に違反した場合の監督処分や罰則等に関して記載してある。
	第8章（第45条－第55条）	罰則	
その他	第4章の3（第27条の37－第27条の40）	建設業者団体	本書で説明するのは，この部分！（特に知事・一般建設業の新規申請について）
	第6章（第33条－第39条の3）	第6章　中央建設業審議会等	
	第7章（第39条の4－第44条の3）	雑則	

(2) 建設業法の目的 (第1条)

建設業法の規制は第1条記載目的 (およびそれに対する手段) から派生している。以下のように定めている。

> (目的)
> 第1条　この法律は，建設業を営む者の資質の向上，建設工事の請負契約の適正化等を図ることによつて，建設工事の適正な施工を確保し，発注者を保護するとともに，建設業の健全な発達を促進し，もつて公共の福祉の増進に寄与することを目的とする。

条文を目的と手段に分けると，次のようになる。

目的

1) 「建設工事の適正な施工を確保」することにより「発注者の保護」

　　→粗悪な工事等不正な工事を防ぐとともに，

　　　工事の良質かつ適正な施工を実施し，

　　　それにより，工事の発注者の保護が図られることを意味する。

2) 「建設業の健全な発達を促進」

　　→建設業が我が国の重要産業の一つである以上，

　　　健全な発展が国民経済に好影響を及ぼすことを意味する。

そして，

3) 「公共の福祉の増進に寄与」することを最終の目的としている。

　　　　　↓　そのために

(3) 建設業法の目的達成のための手段 (第1条)

1) 「建設業を営む者の資質の向上」

　　→建設業の経営能力，技術・施工能力を高め，社会的信用の向上を図ることを意味する。

　　　↓　その具体的な方法として

　　　・建設業の許可制度 (第2章)

　　　・施工技術の確保・向上のための技術者制度 (第4章)

2）「建設工事の請負契約の適正化等を図ること」

　→建設業は受注産業であるため，建設業者の立場は弱い。

　　そのため，発注者と請負業者（元請）との契約関係，元請と下請の契
　　約関係に生じる不均衡・不平等を是正し，請負業者，特に下請保護を
　　図ることを意味する。

　　↓　具体的な方法としては

　　・請負契約の原則の明示（第3章）

　　・元請・下請関係の適正化（一括下請の禁止，下請代金の支払期日等。第
　　　3章）

3）「適正化等」

　→建設業法の目的達成のための手段を，上記1）2）に限定しているわ
　　けではないことを意味している。

　　↓　具体的な方法としては，

　　・建設工事の紛争を解決するための建設工事紛争処理制度（第3章の
　　　2）

　　・建設業者の施工能力等を審査・判定する経営事項審査制度（第4章
　　　の2）

　　・監督処分（第5章）

　　・建設業の改善のため調査等を行う建設業審議会の設置（第6章）

図表2◆建設業法のまとめ

目的 第1条	1）「建設工事の適正な施工を確保」することにより「発注者の保護」		
	2）「建設業の健全な発達を促進」		
	3）「公共の福祉の増進に寄与」すること		
手段 第1条	1）「建設業を営む者の資質の向上」 ↓	2）「建設工事の請負契約の適正化等を図ること」 ↓	3）「適正化等」 ↓
	・建設業の許可制度（2章）（第3条－第17条の3）	・請負契約の原則の明示 ・元請・下請関係の適正化（一括下請の禁止，下請代金の支払期日等） （3章）（第18条－第24条の8）	・建設工事の紛争を解決するための建設工事紛争処理制度（3章の2）（第25条－第25条の26）
	・施工技術の確保・向上のための技術者制度（4章）（第25条の27－第27条の22）		・建設業者の施工能力等を審査・判定する経営事項審査制度（4章の2）（第27条の23－第27条の36）
			・監督処分（5章）（第28条－第32条）
			・罰則（8章）（第45条－第55条）
			・建設業の改善のため調査等を行う建設業審議会の設置（6章）（第33条－第39条の3）

3　行政書士にとっての建設業

　建設業許可は取得するための要件（「許可要件」）が複雑である。そのため，申請人は手続きに面倒な書類の準備と作成を余儀なくされる。

　素人が片手間でできる仕事ではない。仮に，試みても困難な場合が多い（事実，自分で申請をしたが断念して，行政書士に依頼する者も大勢いる）。

　そこで，行政手続の専門家である行政書士の助けが必要となる。

　つまり，建設業許可において，行政書士に期待されるのは，速やかな許可手続の遂行である。当然，行政書士は，許可要件を十分把握し，速やかに申請書類を作成する能力が求められる。

　なお，建設業許可は，取得後も５年ごとの更新手続・毎年の決算届の提出が必要となる。したがって，許可取得で依頼者から信用を得れば更新許可申請も受任できるという継続性が期待できる業務である。

　このような点から，建設業許可業務は，行政書士の主要業務の一つとなっている。

　建設業許可業務の，役所での手続きの流れは，以下のとおりである。

図表３◆建設業許可等に関する役所での手続きのおおまかな流れ

①　建設業新規許可

　　↓

毎年決算変更（報告）届を提出。５年以内に届出事項に変更が生じた時は変更届を提出

　　↓

５年ごとに建設業許可の更新手続

②　公共工事を発注者から直接請け負うとする場合には，①のほかに，経営事項審査（経営状況分析も含む）を受ける。

　　↓　　その後　　入札参加申請

※　□の部分が役所の手続きが必要になる。もっとも，近年，公共工事が減ってきていることから，②記載の入札参加資格申請手続の前提となる経営事項審査手続も減少傾向にある。

非独占業務でも法定業務とすることは必要

　一見，非独占業務というのは誰でもできる業務，だからわざわざ法定業務にしなくていいのではと考えがちです。

　しかし，建設業申請業務ではなく，後見に関する業務なのですが，数年前，こんなことがありました。

　依頼者と私で契約した財産管理契約に基づき，依頼者の銀行預金の一部を管理しようとしたとき，双方の当事者の意思を確認した上であるにもかかわらず，この手続きを銀行により拒否されました。理由は「財産管理契約をできるのは弁護士と司法書士だけです」の一点張りでした。

　委任契約は自由なはずなのにと思いながらも調べると，弁護士と司法書士については，規則を通じて法定業務になっていることが確認できました（近年，税理士も同様に規則を通じて法定業務とされました）。

　銀行が，財産管理を明文化されている（法定業務）弁護士と司法書士だけにその業務を任せればリスクが少なくなると考えるのもわからないわけではありません。

　その後，行政書士会も管轄する総務省等に働きかけをしてくれているようですが，現時点での総務省の見解は，「行政書士にとって財産管理は当然できる業務で，あえて明文にする必要はない」ということで落ち着いているようです。ただ，できることと法定されていることは対外的には意味が違うという点をご理解いただきたいところです。

　外部との関係では，非独占でも法定業務になっていることの重要性を感じた出来事でした（しかも，法定業務となれば，職務上請求書を使用できることになります）。

　令和5年3月に総務省担当部署から各都道府県金融機関等に財産管理・成年後見は行政書士の業務である旨の通知が発せられました。明文化はされませんでしたが，このような通知が発せられることは，とても意義があることと考えます。

■4　建設業業務の今後の展望

　建設業の新規許可業者の数は減少傾向している（【資料1】P 216参照）。確かに，「量的」な意味においては，建設業許可取得の大幅な増大は望めないかもしれない。しかし，以下の2つの観点から，「質的」な意味で，優良でかつ技術力にも優れた新規の建設業許可取得の需要は拡大すると考えられる。

(1)　コンプライアンスによる需要増

　建築物は，単に完成させればよいものではない。人がより安全に利用できるものでなければならない。

　耐震偽装の問題，地震対策により建設業許可を管轄する国土交通省および各都道府県庁は，ここ数年，元請業者を「二次下請の無許可業者に500万円以上の工事を施工させていた」ことを理由に，下請に対する指導義務違反として頻繁に行政指導している（建設24の7。P 56「ここが実務のポイント❾」参照）。

　また，国を挙げて，下請保護の観点から「下請代金アンケート調査」を実施し，問題がある事業者に対して立入調査等を行っている。
　このことは，行政が「コンプライアンス」の観点から，元請業者に下請業者の指導義務の履行を求めていることを意味する（建設24の7）。

　このような背景から，元請業者は建設業許可を取得していない下請業者，孫請業者に許可取得を強く促している。
　また，建設業界は，「事業承継」「合併」「M＆A」等の多くの法的問題を抱えている。

(2) 紙申請から電子申請への動き

現在，国土交通省は，建設業の働き方改革推進の一環として，事務負担を軽減し，効率化を図るとともに，新型コロナウィルス感染症の拡大を踏まえ，非対面での申請手続を行うことができる環境を整備するため，建設業許可・経営事項審査等の申請手続の電子化に向けて動き出しており，それに伴う「実務者会議」を設置し，議論している。

入札の電子申請のときと同様に，今後は，紙申請から電子申請への流れが加速すると思われる。しばらくの間は，紙申請も併用する役所もあると思われるが，デジタル庁新設のことを考えれば，この流れは止められない。PCやデジタル関係の知識を持たない行政書士は，自信を持って業務を遂行できないだろう。私たちは，いずれ来る電子化の動きに乗り遅れない準備が必要である。

※　上記の実務者会議にて話し合われている内容（抜粋）
・電子申請システムの基本構想（機能，対象手続，運用開始までの流れ等）
・電子申請業務フロー
・認証方法
・申請手数料等，収納方法
・他省庁とのバックヤード連携（案）

5　建設業業務で新人行政書士を待ち受ける「3つの壁」と本書の役割

新人行政書士には，建設業を行うにあたり，次の「3つの壁」が待ち構えている。

(1) 先輩行政書士の壁

「伝統的な業務」ゆえに先輩行政書士の牙城がある。

(2)　「経験知」不足の壁

　行政書士試験の科目には建設業法が入っていない（※）。そのため，ほとんどの行政書士は行政書士登録後に勉強する。しかし，建設業関連の業務は，複雑・難解なので簡単に習得できない。さらに「学ぶ機会」がほとんどない。

　そのため引合いがあっても「経験不足」「知識不足」が原因で気後れして受任できない者が大勢いる（行政書士法も試験科目に入っていない点につき※参照）。

　※　（令和３年度行政書士試験の試験科目一覧：「一般財団法人行政書士試験研究センター」より）

試　験　科　目	内　　容　　等
行政書士の業務に関し必要な法令等（出題数46題）	憲法，行政法（行政法の一般的な法理論，行政手続法，行政不服審査法，行政事件訴訟法，国家賠償法および地方自治法を中心とする。），民法，商法および基礎法学の中からそれぞれ出題し，**法令については，試験を実施する日に属する年度の４月１日現在施行されている法令に関して出題します。**
行政書士の業務に関連する一般知識等（出題数14題）	政治・経済・社会，情報通信・個人情報保護，文章理解

(3)　トラブルの壁

　知識と経験知が不十分な状態で受任した結果，業務遅滞に陥り，依頼者とトラブルになる者がいる。

　中には，不手際で，「更新期日を守れない」という"致命的なトラブル"を起こして，依頼者から損害賠償を請求されたり，行政書士会から懲戒処分を受ける者もいる。

　以上「３つの壁」を乗り越える羅針盤となるのが本書の役割の一つである。

行政書士法は大切。他士業の法定業務（特に独占業務か否か）の理解も大切

　行政書士法は，行政書士がどのような業務ができるか等を規定している唯一の法律であるにも関わらず，現在の行政書士試験の試験科目には入っていない。これは，行政書士が具体的にどんな業務を行うかを知る機会が限りなく少ない中で，行政書士試験を受験しているに等しい。本書は，行政書士法に関するものではないので，重要なポイントのみ触れることとする。業務を行う上で，必ずぶつかる壁であるので，この点の理解は不可欠である。参考文献を手掛かりに各自，研究してほしい。

（ポイントはここ！）

① 押さえるべき条文は最低５つ（行書１，１の２，１の３，19，21）。

　　行政書士の業務は，相談→書類作成→手続代理等の流れで行われる。

　　相談の条文は１条の３第１項４号，書類作成の条文は１条の２，手続代理等の条文は１条の３にある。これらが行政書士法に定められた業務（法定業務）といえる。

　　もっとも，法定業務の中にも，他の法律に制限がない限り行政書士のみが独占して行うことができる，いわゆる独占業務というものがある。独占業務とは，行政書士・法人でない者（非行政書士）が行政書士業務を行うと，原則的に犯罪となり罰則が適用となるという仕組みのことをいう。この点に関する規定は，行政書士法19条，21条にある。

図解すると，以下のようになる。

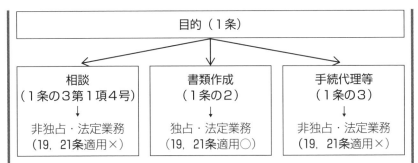

※　この図を見てわかるのは，書類作成のみが法定の独占業務であるが，前提となる相談や実際の手続きの代理等は法定業務ではあるが，非独占ということがわかる。

②　行政書士法が定める書類の作成の「書類（電磁的記録を含む）」とは，以下の3つに関するものである。

(1)　官公署に提出する書類等（例：建設業許可を含む許認可に関する書類）

(2)　権利義務に関する書類等（<u>権利の発生，存続，変更，消滅の効果を生じさせることを目的とする意思表示</u>を内容とする書類。例：契約書や遺産分割協議書等の書類）

(3)　事実証明に関する書類等（<u>社会的に証明を要する事項</u>について自己を含む適任者が自ら証明するために作成する書類。実地調査に基づく図面類を含む。例：位置図，案内図，各種議事録，申述書等）

但し，弁護士法・司法書士法・税理士法・社会保険労務士法等その他の法律において制限されているものについては除く。

③　もっとも，法定業務以外でも，法律に制限がない限り，法定外の業務を行うことが可能となる。そこで，自身が受ける業務・相談が，法定業務を行っているのか，法定外業務を行っているのか，法定業務の中でも，独占業務か非独占業務なのかを意識していくと，行政書士法に対する感覚が鋭くなる。

業務の内容		19条	21条罰則規定	独占業務か	他の法律の制限
法定業務	1条の2の業務（**書類作成**業務）	○	○	○	○
	1条の3の業務（**手続代理，相談**等）	×	×	×	○
法定外業務		×	×	×	○

④　他士業の法定業務（特に独占業務）の一例

　　業際は難しい問題だが，避けては通れない。詳しいことは，書士会の研修会等を通じて勉強してほしい。ここではポイントだけ触れることとする。

　　業際問題を理解するには，<u>各士業の法定・独占業務は何かを理解する</u><u>ことがスタートとなる</u>。次の順序で考えていくとよい。

⑴　まず行政書士法上の<u>法定業務</u>，そのうち<u>独占業務か非独占業務か</u>を理解する。

⑵　次に各士業の士業法（例：弁護士法，司法書士法など）から法定業務，そのうち特に独占業務（⑤，⑥）は何かを理解する。

⑶　独占業務に該当するかにつき，士業間において解釈が分かれているものもあることを理解する（ある業務につき，行政書士会は非独占業務と考えているが，社労士会は独占業務に位置付けている場合）。

　　以下に可能な限り他士業の法定・独占業務を挙げておいた。これを行政書士が行うことはできないので注意が必要となる。詳しくはご自身で確認いただきたい。

⑤　行政書士が行ってはいけない業務　その1（相談業務も同様）

◆行政書士法1条の2：書面作成に関して他士業の<u>独占業務</u>（相談業務も同様）

　1）弁護士（弁護士法3①，72，77）

　　　裁判所での「法律事件」である訴訟・調停につき代理人としての書
　　類作成
　２）司法書士（司法書士法３一〜五，73①・78①）
　　　裁判所・検察庁に提出する書類（訴状や準備書面等。告訴状等）
　　　（地方）法務局に提出する書類（登記申請書等）の作成
　３）社会保険労務士（社会保険労務士法２①一〜二，別表第１（第２条関連），
　　　27，32の２①六）
　　　労働保険・社会保険諸法令に基づく申請書等や帳簿書類の作成
　４）税理士（税理士法２①二，52，59①三）
　　　税務書類（確定申告，青色申告の承認申請等）の作成
　５）弁理士（弁理士法75，79）
　　　特許・意匠・商標などの特許庁への出願書類・異議申立て等および
　　　経済産業大臣への裁定請求書の作成
　６）土地家屋調査士（調査士法３①一〜五，68①，73①）
　　　不動産表示登記の申請書・調査測量図書の作成
　７）海事代理士（海事代理士法１，別表第２（第１条関連），17，27）
　　　国土交通省・法務局等や自治体に対して船舶・港湾・海運関係法令
　　に基づく申請・届出・登記書類の作成
　８）建築士（建築士法３，３の２，３の３，37三）
　　　一定種類・規模の建築設計
　９）公認会計士（公認会計士法２①）
　　　財務書類の監査証明書等の作成

⑥　行政書士が行ってはいけない業務　その２（相談業務も同様）
◆行政書士法１条の３：申請代理業務に関して：他士業の独占業務
　１）弁護士（弁護士法３①，弁護士法72，77）
　　　裁判所における訴訟事件，非訟事件に関する行為
　２）司法書士（司法書士法３，73①・78①）

登記・供託の申請手続

3）社会保険労務士（社会保険労務士法2①一～二，<u>別表第1</u>（第2条関連），27，32の2①六）

　労働保険・社会保険諸法令に基づく申請・届出の代理

4）税理士（税理士法2①一，52，59①三）

　税務代理

5）弁理士（弁理士法75，79）

　特許庁出願・経済産業大臣手続

6）土地家屋調査士（調査士法3①一～五，68①，73①）

　不動産表示登記の申請手続・筆界特定手続の代理

7）海事代理士（海事代理士法1，<u>別表第2</u>（第1条関連），17，27）

　国土交通省・法務局等や自治体に対して船舶・港湾・海運関係法令に基づく申請・届出・登記手続

8）建築士（建築士法3，3の2，3の3，37三）

　一定種類・規模の建築物の工事管理等

9）公認会計士（公認会計士法2①）

　財務書類の監査手続

※　参考文献

① 「行政書士法コンメンタール」（兼子　仁著　北樹出版）← 東京都行政書士会の顧問である行政法学者の先生の本。行政書士にエールをおくる意味で，積極的に解釈している箇所もある。行政書士にとっては，心強い書籍。

② 「詳解行政書士法」（地方自治制度研究会編集　ぎょうせい）← 所管の自治省関係者が執筆。①に比べ，客観的な観点から解説がなされている。

③ 「行政書士必携～他士業との業際問題マニュアル（平成24年3月　東京都行政書士会）

行政書士法　関連条文（5つ）

（目的）

第1条　この法律は，行政書士の制度を定め，その業務の適正を図ることにより，行政に関する手続の円滑な実施に寄与するとともに国民の利便に資し，もって国民の権利利益の実現に資することを目的とする。

（業務）

第1条の2　行政書士は，他人の依頼を受け報酬を得て，官公署に提出する書類（…電磁的記録を含む。）その他権利義務又は事実証明に関する書類（実地調査に基づく図面類を含む。）を作成することを業とする。

2　行政書士は，前項の書類の作成であつても，その業務を行うことが他の法律において制限されているものについては，業務を行うことができない。

第1条の3　行政書士は，前条に規定する業務のほか，他人の依頼を受け報酬を得て，次に掲げる事務を業とすることができる。ただし，他の法律においてその業務を行うことが制限されている事項については，この限りでない。

　一　前条の規定により行政書士が作成することができる官公署に提出する書類を官公署に提出する手続及び当該官公署に提出する書類に係る許認可等（…）に関して行われる聴聞又は弁明の機会の付与の手続その他の意見陳述のための手続において当該官公署に対してする行為（…）について代理すること。

　二　前条の規定により行政書士が作成した官公署に提出する書類に係る許認可等に関する審査請求，再調査の請求，再審査請求等行政庁に対する不服申立ての手続について代理し，及びその手続について官公署に提出する書類を作成すること。

　三　前条の規定により行政書士が作成することができる契約その他に関する書類を代理人として作成すること。

　四　前条の規定により行政書士が作成することができる書類の作成について相談に応ずること。

2　略

含まれない！（非独占業務）　✕　〇　含まれる！（独占業務）

（業務の制限）

第19条　行政書士又は行政書士法人でない者は，業として第1条の2に規定する業務を行うことができない。ただし，他の法律に別段の定めがある場合及び定型的かつ容易に行えるものとして総務省令で定める手続について，当該手続に関し相当の経験又は能力を有する者として総務省令で定める者が電磁的記録を作成する場合は，この限りでない。

2　略

第21条　次の各号のいずれかに該当する者は，1年以下の懲役又は100万円以下の罰金に処する。

　一　略

　二　第19条第1項の規定に違反した者

第1章 受任のために「準備」しておくべきこと

受任するためには，そもそも建設業許可とは何か，どのような相談者がいるのか，情報の入手方法等を知っておく必要がある。また，業務を遂行する上で，心強い仲間となる「アドバイザー」「パートナー」について説明する。

1-1 建設業を知る

建設業許可について，その枠組みを理解しておくことが受任する上での前提となる。

(1) 建設業許可とは（建設3）

建設工事は，例外（「◎本書を読むための用語解説（vi）」参照）を除き，許可を取得した業者でなければ行えない。なぜなら，建設工事およびそれを通じて建築された建物等の出来不出来が，国民生活に多大な影響を及ぼすからである。

たとえば，家・マンションの購入は，そこに住み続けることを前提とする。すなわち，命を預けることと同じである。その家・マンションがいい加減な作りをされていると，生命に危険を及ぼすこともある。

① 許可は業種別に必要となる（建設3②）

一口に建設工事といってもさまざまな形態がある。そのため，建設業法は，業種を29業種に区分している（建設2①「別表第1の上覧に掲げるもの」）。

業種は大きく分けて，一式業種（2業種）と専門業種（27業種）に分けられる。

一式業種 ：「原則として元請業者の立場で土木と建築に関して総合的な企
画，下請業者等への指導，調整のマネージメントを行いつつ，
自社および複数の下請業者等の建設技術を用いて大規模かつ複
雑な土木・建築工事を施工するための業種」のことをいう。す
なわち，「高度な建設技術の提供」と「工事全体のマネージメ
ント」の2つを行う業種のこと。

専門業種 ：各専門的工事を施工するための業種のこと（以下，「図表4」参
照）。

図表4◆建設工事の業種（29業種　建設別表第1をもとに作成したもの）

業種区分	建設工事の業種（29業種）			
一式業種 （2業種）	土木工事業，建築工事業			
専門業種 （27業種）	大工工事業	タイル・れん が・ブロック工 事業	ガラス工事業	造園工事業
	左官工事業	鋼構造物工事業	防水工事業	さく井工事業
	とび・土工工事 業	鉄筋工事業	内装仕上工事業	建具工事業
	石工事業	舗装工事業	機械器具設置工 事業	水道施設工事業
	屋根工事業	しゅんせつ工事 業	熱絶縁工事業	消防施設工事業
	電気工事業	板金工事業	電気通信工事業	清掃施設工事業
	管工事業	塗装工事業	解体工事業（平 成28年6月より 新設）	

では，大型マンションの建設で業種を見てみよう。

まず，ゼネコン（ゼネラルコントラクトの略。総合契約者たる総合工事業者）が注文者から工事を受注する。

次にゼネコンが下請業者に，杭打ち等基礎，鉄骨・鉄筋の組立て等を行うために躯体，仕上工事，設備工事等を発注する。

さらに下請業者は，一人親方を含む業者（孫請）に工事を発注する。

以上のように，建設業は，「下請構造」で成立している。

このようにゼネコンは，工事全体を監督する役割を担い，下請業者の力を借りて工事を行うのである。

工事の内容によって，必要となる技術・施工能力は異なる。そのため下請業者は各専門の業者ごとに区分されている。このような状況に対応するために，建設業法における業種は細分化されているのである。

ここが実務のポイント❷　解体工事業の登録と建設業許可との区別

建築物等を除去するための工事を解体工事業という。建設工事に係る資材の再資源化等に関する法律（通称「建設リサイクル法」という）により，解体工事を営もうとする者は都道府県知事の登録を受けることが必要である。

この解体工事業の登録と建設業許可（「とび・土工工事業」。平成28年6月以降は「解体工事業」）との違いは一言でいえば，解体工事の請負金額が500万円以上か否かによる。

請負金額が500万円以下であれば，解体工事業の登録のみでいいが，500万円以上であれば，建設業法に基づき建設業許可（「解体工事業」が必要。但し，令和3年3月までは，「とび・土工工事業」でも可とする）が必要となる。

Column 2

許可業種の中で多い業種と少ない業種

　許可業種の中でも，業者の数が多い業種と少ない業種があります。

令和4年3月末現在，許可を取得している業者の数が多い業種は，

① 　とび・土工工事業（全体の37.2%）

② 　建築工事業（全体の30.9%）

③ 　土木工事業（全体の27.6%）

　となっています。一方，取得している業者の数が少ない業種は

① 　清掃施設工事業（全体の0.1%）

② 　さく井工事業（全体の0.5%）

③ 　消防施設工事業（全体の3.3%）

　となっています。

　一般的に，「建設工事」と聞いて思いつくのが，家やマンションの工事でしょう。その工事に係わる，「建築工事業」の許可が一番多いのは納得いきます。一方，「清掃施設工事業」は，ごみ処理施設等の工事です。需要が少ないので取得許可業者が少ないことも納得がいきます。

（国土交通省公表の「建設業許可業者数調査の結果について

－建設業許可業者の現況（令和4年3月末現在)」より）

②　「一般建設業」と「特定建設業」の許可がある（建設3①一・二）
　　（「下請け保護の必要性）による）

　建設業の許可を取得すれば，請負金額に関係なく工事を受注できる（但し，許可業者ということになると，配置技術者を置く必要が生じるので，注意を要する。この点については重要であるので，P164以下にて解説する）。

　もっとも，下請業者保護の観点から，一定以上の高額な工事を行う場合には許可の区分が存在する。

　建設工事の規模が大きくなればなるほど，工事を受注した元請業者から各専門の下請業者へ，さらに小さな会社や一人親方などに孫請けをするという複雑な階層構図を有する。会社間の力関係も相まって下請・孫請の会社の立場は不安定になりやすい。

　そうなると建設業法が掲げる「建設工事の適正な施工」という目的が達成できないおそれがある。

　そこで，下請・孫請保護の観点から建設業法は建設業の許可を「一般建設業」「特定建設業」の2つに区分した。

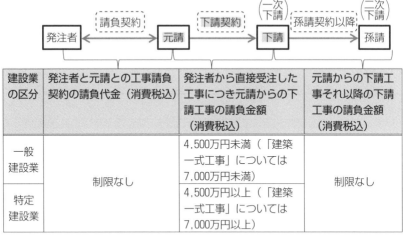

図表5◆「一般建設業」と「特定建設業」の区分

建設業の区分	発注者と元請との工事請負契約の請負代金（消費税込）	発注者から直接受注した工事につき元請からの下請工事の請負金額（消費税込）	元請からの下請工事それ以降の下請工事の請負金額（消費税込）
一般建設業	制限なし	4,500万円未満（「建築一式工事」については7,000万円未満）	制限なし
特定建設業		4,500万円以上（「建築一式工事」については7,000万円以上）	

※ 「一般」か「特定」かの区別は，元請と下請との請負契約の発注額によって決まる。発注者から元請が受注する請負金額とは無関係である。

　このように，一般建設業より特定建設業の許可要件を厳しくした理由は，下請保護のためである（建設3①二）。

③ 「知事許可」と「国土交通大臣許可」がある（建設3①「営業所の場所」による）

　1つの都道府県でのみ建設業法に基づく「営業所」を設ける場合は「知事許可」を取得しなければならない。

　一方，都道府県をまたがって，「営業所」を設置する場合は「国土交通大臣許可」（大臣許可）を取得しなければならない。

図表6◆「知事許可」と「国土交通大臣許可」の区分

	定義	申請先
知事許可	1つの都道府県でのみ建設業法に基づく営業所を設ける場合	各都道府県知事
国土交通大臣許可	都道府県をまたがって，上記の営業所を設置する場合	主たる営業所を管轄する地方整備局等（国土交通大臣の許可の権限が，地方政局長等へ委任されているため。

　なお，建設業法の営業所とは，実質的に営業活動をする場を指す（P152参照）。「登記上の支店」，「工事事務所」，「作業所」，「事務連絡所」等の形式的な場ではない。つまり，営業所として「実質的に活動をするか否か」がメルクマールとなる。

例：登記簿上の本店が埼玉県，建設業法の営業所を東京都に置くという場合

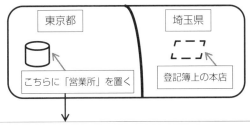

　どこで営業を行うかが重要。上記の例でいえば，登記簿上の本店では営業所を置かない以上，東京都に建設業許可申請の手続きを行う（知事許可）必要がある。
　東京都内において営業所としての事業活動をすることから，その際，東京都税事務所に事業開始届を提出する。

④　許可には有効期間がある（建設3）

　許可の有効期間は5年である。

　有効期限後も維持して，建設業の許可を取得したい場合には，「更新手続」を監督官庁に申請しなければならない。

ここが実務の
ポイント❸ **いつから更新手続をはじめるか**

　いつから更新手続が可能かは，都道府県によって異なる。ある都道府県
では，５年間の有効期間の満了する日の30日前までに手続きを行うこと
とされている。

　更新をしないと許可の効力は失われることになる。更新の受付期間の確
認は重要である。

図表7◆「4種」の建設業許可の類型

建設業許可においてさまざまな類型が考えられ，一度に理解することは難しい。
そこで，表にまとめることとする。

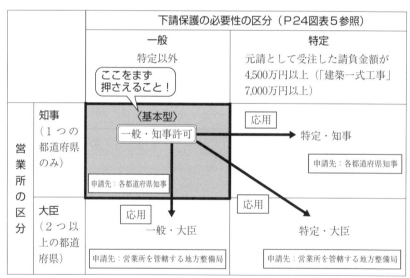

⑤　事業承継等に係る認可制度について（概略）

　従来，建設業者が事業の譲渡・合併・分割（以下，「事業承継」という）を行っ

た場合，従前の建設業許可を廃業するとともに，新に建設業許可を取り直す必要があった。

しかし，廃業日から新たな許可日までの間に，契約額500万円以上（建築一式工事においては1,500万円以上）の建設業を営むことのできない空白期間が生じること，新規申請のために新たな申請手数料がかかることなど，不利益が生じていた。

そこで，改正建設業法（令和2年10月1日施行）において，事業承継を行う場合は事前の認可を受けること，相続の場合は死亡後30日以内に相続の認可を受けることで，空白期間を生じることなく，建設業許可を承継することができるようにした。これが「事業承継等に係る認可の制度」である。

この制度は，複雑な点も有し，ここですべてを網羅して記載することは，本書の読者対象である新人の方にお伝えするべき範疇を超えると考える。具体的な手続きについては，役所ごとに微妙に異なる点があるため，必ず申請する役所の手引きを参照していただきたい。

Column 3
「事業承継等認可制度」を利用する場合

上記制度について，身近なところで「許可を有する個人事業主が法人成りする場合」の相談が考えられます。従来であれば，個人事業主廃業➡新会社設立・建設業許可新規取得という流れを追う必要がありましたが，前述のとおり，許可の空白および申請手数料の点で不利益が生じます。そこで，この制度を利用して許可承継を行うことが望まれるのではと感じています。

まだ，実務の蓄積も浅いところですが，なるべく早くマスターしておきたい分野でしょう。

> 建設業の許可の基本は，図表7の太枠の「一般・知事」許可である。他
> の3つの型（形は「一般・大臣」「特定・知事」「特定・大臣」）は，「一般・知
> 事」から派生している。
> 　そこで，本書は，「一般・知事」許可を中心に解説する。

(2)　建設業許可の要件（一般建設業・知事許可）

　建設業の許可を取得するには，許可要件（建設業許可取得のための条件）を満
たすことが必要である。監督官庁は，申請人が提出した許可申請書に基づいて
許可要件を満たしているか否かを確認する。確認できない場合，許可を取得す
ることは当然できない。

　監督官庁は，「人材」「施設」「財産」の「3つの観点」から検討する。以下，
3つの観点に基づき，建設業の許可要件を説明する。
　なお，建設業許可の要件の説明を書籍上で行おうとすると，正確性を期する
がゆえに建設業法の文言をそのまま引用する等，煩雑になるケースが多い。
　また，書籍の性質上，法改正や運用の変更にも適宜対応できない場合も多い。
　本書の立ち位置が「業務フローに重点をおいた実務の入門書」であることを
考えると，説明することは妥当ではなく，他の専門書等に委ねたい。
　なお，本書はこれから建設業業務を行う者を対象とした「実務の入門書」で
ある。したがって，依頼の可能性が高く，許可形態として基本となる「一般・
知事許可」を中心に説明する。

　以上をご理解のうえ，読み進めていただきたい。

①　「人材」要件

建設業を営むに必要かつ十分な経験者がいることが要件となる。

イ）経営業務管理を適切に行う能力すなわち「経営管理能力」を有する者がいること（「建設業経営経験者の存在」建設7一，15一）

「建設業の**経営経験**を十分に有する者」，すなわち，建設業法は「**建設業に関する経営面でのプロ**」を許可要件として求めている。

この点については，令和2年10月1日建設業法改正により，許容される範囲が拡張した。

「経営管理能力」とは，一定期間，建設業の財務管理・労務管理・業務運営のすべてを業務（経営経験）として行っていることを意味する（p vi）。

その経営経験につき，従来は1人で行うことが必要とされたが，上記改正により，複数人によって，すなわち組織（常勤役員とこれを直接補佐する者のチーム）として行うことも認められた。

したがって，❶「経営業務管理責任者」がいる（個人として。従前のもの），もしくは，❷「建設業に関する経営体制」を備えている（チームとして。法改正で拡張），という経営体制であれば，ここでの要件イ）を充たすことになる。

❷のイメージは，現時点での建設業に関しての常勤役員がいるが，その者が❶の要件を欠いているため，その点を補うために，別の常勤役員等を直接補佐者とすることの合わせ技で，要件イ）を充たすというものである。

確かに，許可要件の範囲が広がったように感じるが，法改正に伴い，関連する建設規則第7条第1号イ(1)(2)(3)，ロ(1)(2)には，新しい用語が使用されていることや条文構成の複雑さから理解が困難になっている。実際の立証も難しく，申請自体は大手の建設業者を除き，多くないと聞いている。**新人の方を対象としている本書としては，業務を進める際，上記❶での立証をお勧めする。❷の場合はあくまで最終手段と考えるのが望ましい。その際は役所との事前打ち合わせは不可欠である。**

参考までに，要件イ）につき，法改正に対応したフローチャートを作成した（p 31）。p viiの用語とともに確認してほしい。

図表8◆人材要件フローチャート

現在：<u>常勤役員等であることが必要。</u>

過去：

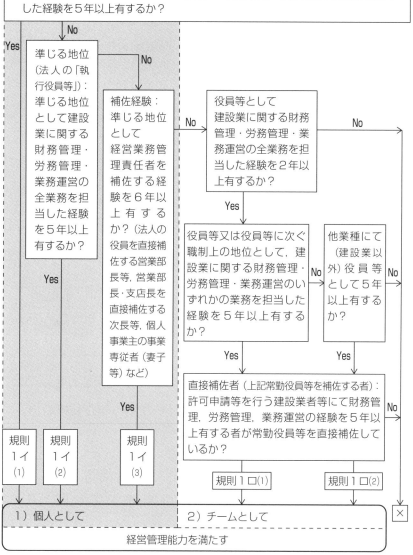

ロ）営業所に専任の技術者（専任技術者）がいること（建設7二，15二「資格・実務経験等を有する技術者の配置」）

「建設業の技術の資格・実務経験を有する者」，すなわち，建設業法は「建設業に関する技術面でのプロ」を許可要件として求めている。

すべての営業所に，専任の技術者が居ることを要する。

具体的には次の①から③の要件のいずれかを満たすことが求められる。

① 取得したい建設業の許可業種に見合った資格を有する者がいること（建設7二イ該当。P218〜223【資料2】【資料3】参照）

② 取得したい建設業の許可業種に関し，「10年以上」の技術上の経験を有する者がいること（建法7二ロ該当）

③ 取得したい建設業の許可業種に関し，「学歴（指定学科卒業。建設別表第2。P224【資料4】参照）」と「一定期間の技術上の経験」を有する者がいること（建設7二ハ該当。学歴によって，3年，5年と期間が短縮される）

もっとも②，③につき，電気工事・消防施設工事については，電気工事法・消防法に基づいて無資格者の実務経験は原則として認められないことに注意を要する。

ここが実務のポイント❹　特定建設業の特殊性〈その1〉（専任技術者の要件）

一般建設業の場合に比べ，その要件は厳しくなる。

具体的には，以下のいずれかに該当することが必要となる。

1）取得したい建設業の許可業種につき特定建設業許可が要求する資格を有する者がいること（建設15二イ該当）

2）取得したい建設業の許可業種に関し技術上の指導監督的実務経験を有する者がいること（建設15二ロ該当）

3）国土交通省の認定を受けた者がいること（建設15二ハ該当）

注）指定建設業（建設15二ただし書）

特定建設業のうち，さらに指定建設業というカテゴリーがある。指定建設業とは「土木工事業」，「建築工事業」，「管工事業」，「鋼構造物工事業」，「舗装工事業」，「電気工事業」，「造園工事業」の7業種をいう。工事内容の技術の難易度が高いこと等を総合的に判断して，専任技術者につき，それに対応するような国家資格者（1級の国家資格者，技術士，国土交通省認定者）であることが必要となる。

$$\left\{\begin{array}{l} \text{一般建設業} \\ \text{特定建設業（指定建設業も含む）} \end{array}\right.$$

ハ）法人の役員等，個人事業主，支配人，支店長・営業所長などが「欠格要件」等に該当しないこと（建設8，17）。

欠格要件の具体例は次のとおりである。

① 建設業許可の取消処分を受けて欠格期間が5年未満の者

② 営業停止を命じられ，その停止の期間を経過していない者

③ 禁固刑以上の刑の執行に処せられ，その刑の執行を終わり，またはその刑の執行を受けることがなくなった日から5年未満の者

④ 建設業法，建築基準法，暴力団対策法，傷害罪・暴行罪・脅迫罪等の刑法などの法律に違反して，罰金刑以上の刑の執行に処せられ，その刑の執行を終わり，またはその刑の執行を受けることがなくなった日から5年未満の者

⑤ 暴力団員でないこと，または暴力団員でなくなった日から5年を経過していない者

二）許可申請者（個人事業主・法人）の誠実性（建設7三，15一）

許可申請者（個人事業主・法人）が，契約締結・履行の際，詐欺・脅迫等の違法行為（不正な行為）または工事内容や工期等の請負契約に違反する等の不誠実な行為をするおそれがないことが必要である。

②　「施設」要件：建設業の営業を行う事務所（原則として社会保険に加入していること）を有すること（建設3）

イ）営業所

営業所とは，本店，支店，または常時建設工事の請負契約を締結する事務所を指す。

一般的に，外部から来客を迎え入れ，建設工事の請負契約締結等の業務を行うことができる状況にある場所のことをいう。

営業所の所在地により，申請先となる役所が異なる。

なお，営業所に経営業務の管理責任者等（建設工事の請負契約締結等の権限を付与された建設業法施行令3条に規定する使用人も含む），専任技術者が常勤していることが必要となる。

ロ）社会保険への加入

令和2年10月1日付建設業法改正により，適切な社会保険（労働災害保険を除く健康保険，厚生年金保険及び雇用保険）に加入していることが許可要件となった。

すなわち，以下の図表9より適用除外になる場合を除き，申請者は上記社会保険の適用事務所になっていることが必要となる。

図表9◆事業所区分による強制加入と適用除外について

事業所区分	常用労働者の数	健康保険 年金保険	雇用保険		適用除外となる保険
法人	1人～	○	○		―
	役員のみ等	○	―	➡	雇用
個人事務所	5人～	○	○		―
	1人～4人	―	○	➡	健康，年金
	1人親方等	―	―	➡	雇用，健康，年金

　役所としては，適用事業所であることを示す事業者番号等の情報を要求し，加入状況を確認することになる。

　確認資料としては，概ね以下のものとなる。

【健康保険・厚生年金保険】

　健康保険の加入形態によって，事業所整理番号・事業所番号の確認できる下記のいずれかの資料

(a)　健康保険（全国健康保険協会）に加入の場合
・納入告知書，納付書・領収証書の写し ・保険納入告知額・領収済通知書の写し ・社会保険料納入確認（申請）書（受付印のあるもの）の写し
(b)　組合管掌健康保険に加入の場合
（健康保険について）健康保険組合発行の保険料領収証書の写し （厚生年金保険について）上記(a)のいずれか
(c)　国民健康保険に加入の場合
（厚生年金保険について）上記(a)のいずれか

【雇用保険】

　雇用保険の労働保険番号を確認できる下記のいずれかの資料

「労働保険概算・確定保険料申告書」および「領収済通知書」の写し 「労働保険料等納入通知書」および「領収済通知書」の写し

令和4年東京都の建設業手引きp5に，経営のプロたる「常勤の役員」，技術のプロたる「専任技術者」につき，一定の条件の下，テレワークの活用を認めている記載が初めて登場しました。

これも，新型コロナウィルス感染防止の観点から生まれたものであります。まさに，時代の流れといえるでしょう。

③ 「財産」要件

財産的基礎・金銭的信用を有すること（建設7四，15三，昭和47年建設省通達）

新規の一般建設業の許可の場合には，次の①②のいずれかが要件となる。

① 直前の決算において，自己資本額（純資産額。資産額から負債額を差し引いた額）が500万円以上であること

② 申請の直近1か月以内の金融機関の預金残高証明書で，500万円以上の資金調達能力を証明できること

なお，都道府県によって，財産要件の取扱いが若干異なる。判断に迷ったら申請窓口に事前相談すること。

ここが実務のポイント❺ 特定建設業の特殊性〈その2〉（「財産」要件について）

一般建設業の場合に比べ，その要件は厳しくなる（建設15三）。

具体的には，以下のすべてに該当することが必要となる。

ア 欠損の額が資本金の額の20%を超えていないこと

イ 流動比率が75%以上であること

ウ 資本金の額が2,000万円以上であること

エ　自己資本の額が4,000万円以上であること

ここが実務の ポイント❻　特定建設業の手続きは慎重に

特定建設業許可については，前述P32特定建設業の特殊性〈その１〉（専任技術者の要件），P36特定建設業の特殊性〈その２〉（「財産」要件について）が，毎年，維持されているかを確認する必要がある。特に，財産要件については，更新手続の際に，その要件を満たさないと，更新が不許可になるので，注意が必要である。

Column 5

相談者目線で説明する

開業して間もない頃，正確性を意識し過ぎて，相談者に対して許可要件の説明を一方的に詳細に説明していました。

しかしある時，相談者から「先生，要するにどういうことですか？　説明が細かすぎてよくわかりません」と聞き返されてしまったのです。

それ以来，簡潔に説明することを心がけるようにしました。

たとえば，面談の冒頭で次のように説明しています。

「建設工事って，しっかり行わないといろんな人に迷惑をかけるから，『信用』がとても大事です。だから建設業者は，経営と技術の『専門家』がいて，そして，一定の『財産』が確保されていて，かつ『営業所』もあることが求められているのです。」

すると，相談から，「ところで，経営の専門家って何ですか？」と質問されて自然と会話が続くようになっていったのです。

1-2 相談者の型を知る

　受任するためには，どのような者が相談に訪れるかを知っておく必要がある。相談者は，事業の規模とコンプライアンス意識によって次のように区分できる。

(1) 「規模」による型分け

　大型マンション建設は，注文者からゼネコンが受注し，それを専門の下請業者・孫請業者に工事を発注するという「下請構造」で成り立っていると説明をした（P21参照）。

　下請構造が成り立つ原因に，建設業界に決まった繁忙期がないことが挙げられる。不確かな大規模工事の受注に備えて，技術者等の建設現場で従事する人を常に雇用していたら，膨大な人件費が会社経営を危うくしてしまう。

　そこで，建設工事を請け負った時に，「その建設工事に必要な専門の建設業者，職人の力を借りる」という下請構造が建設業界で定着したのだ。

　下請構造の観点から，建設業者の「規模」を分類したのが次表である。

図表10◆「規模」による型分け

	区分	内容	行政書士の関与
①	ゼネコン（元請）	元請業者の立場で高度な建設技術の提供と工事全体のマネージメントを行いながら，自社および多数の下請業者等の建設技術を用いて大規模かつ複雑な建設工事を行う役割を担っている。 このような大手の建設業者は，会社内に，手続きをする部署を有している。	手続きを行う部署が存在しても，建設業法に基づく理解が必ずしも十分ではないときがある。 たとえば，グループ会社内の子会社の人事権につき，事実上，親会社が有している場合，子会社の建設業の許可状況を考えず，親会社が子会社の役員等を変更させると，許可の人的要件を満たさなくなって子会社の建設業の許可が終了してしまう場合である。 このような場合に，建設業の許可の維持という観点から，役員の選任について指摘できるアドバイザーに行政書士がなり得る。
②	小規模閉鎖会社（ゼネコン等の下請・孫請）	ゼネコンからそれぞれの専門工事を請負うための「専門工事に特化した会社」である。会社の規模もさまざまで，許可等につき管理する専門部署がある会社もない会社もある。	ゼネコンと比べて行政書士が手続きのアドバイザー，さらには下請保護の観点からの専門家として関与する余地が大いにある。
③	一人親方個人事業主または会社形式のもの（孫請け）	②の下請業者がさらに，一人親方（個人事業主または会社形式のもの）に孫請けをする場合が多い。 孫請会社は，建設業の手続きの知識が不十分なことが多い。	②同様，手続きのアドバイザー，さらには下請保護の観点からの専門家として関与することが可能となる。

> ## ま と め
>
> 　行政書士の業務の対象は，図表10の②の下請業者，③の孫請業者が主流になる。
>
> 　なお，①のゼネコンについては，専門の部署があるので，行政書士の範疇外と決めつけがちであるが，そのグループ会社全体の許認可状況を把握し維持していくことは，本来であれば建設業法を理解している者でなければ難しい。
>
> 　そのため，行政書士がその業務にフィールドを広げる可能性は十分にあるし，現に行っている行政書士事務所もある。
>
> 　その意味では，業者の規模に係わらず行政書士の能力によっては顧客になる可能性がある。

⑵　「コンプライアンス意識」による型分け

　コンプライアンス（法令遵守）の意識の高低で型分けができる。

　「法律を遵守して業務を行いたい」と考えている者もいる一方，許可取得を「上（ゼネコン等）から押し付けられたもの」とみなし，「法律よりまずは仕事を受注できればいい」と考えている者もいる。

　「コンプライアンス意識」による型分けしたものを，場合を分けて説明する。

図表11◆「コンプライアンス意識」による型分け

	区分	内容	行政書士の関与
①	遵法意識認識型	会社の姿勢が，建設業法等の法律を遵守して業務を行っていきたいと考えている建設業者	書類関係が整っていて業務を遂行しやすい。
②	遵法意識欠如型	売上確保が最優先で遵法意識が欠如している建設業者	行政書士が，社長等との面談で，建設業法等の法律を説明する。「法律を理解し，実践していこう」と考える業者であるか否かを見極めることが大切である。 この意識が欠けている者に対しては，受任後の協力を得られないだろう。

ここが実務のポイント❼　**遵法意識が欠如している相談者への対応**

　行政書士は，遵法意識が欠如している者に関与すべきではないと考える。そのような者は，言葉巧みに虚偽の書類の作成を依頼してくることもある。経験を積むと相談者の雰囲気や話振りで判断できるようになる。

　たとえば，「請求書」の内容について請負金額を含めてつじつまが合わない場合や，入札参加資格のランクを上げるために架空の工事をでっち上げるような依頼があれば，即，お断りの案件である。

▌1-3　「知識」「情報」を収集する

　建設業許可申請には，その複雑さゆえに困難さを伴う。そのため，相談者と面談する前に申請手続に関する「知識」と「情報」をしっかり収集しておく必

要がある。ここでは収集方法等について説明する。

(1) 収集方法

　実務で必要な「知識」「情報」は，莫大かつ複雑である。

　しかも，実務は経験知の高さが必要とされる。

　だからといって，何年も修業しているわけにはいかない。

　そこで，筆者の経験を踏まえて，短時間に効率よく，知識と情報を習得して実務に対応できる方法を以下のとおり提示する。ぜひ実践していただきたい。

図表12◆建設業許可の知識・情報の習得の流れ

① **ステップ1**

本書を読み込む。

　実務の入門書として「本書」を利用し，「実務のイメージ」を習得する。書き込んだりして，本書を「オリジナルの参考書」にする。

② **ステップ2**

　各都道府県の『建設業許可の手引書』と建設業法の条文を解説しているコンメンタール等とともに条文を確認しながら読む。これにより，本書では記載が不足している書式の書き方などが，法律の根拠とともに学べ，実務と知識との間の溝が埋まっていく。

③ **ステップ3**

　専門書や役所発表の資料や通達・ガイドラインを読む。

　後述する専門書や役所が公開している資料や通達・ガイドラインを読む。両者は難解な箇所が多数ある。細部にこだわらずに，「大枠をとらえる」感覚で十分である。

(2)　アドバイザーを確保する

　アドバイザーとは，「不明な点」が生じたときに相談できる者のことである。アドバイザーを確保するには次の3つの方法がある。

①　専門性を有する同業の行政書士に聞く

　個々の行政書士との日々の交流が大切である。但し，単なる食事・飲み仲間になるなど慣れっこの関係とは一線を画するものである。お互いを尊重し，配慮し合う関係になることをいう。

②　行政書士会に聞く

　通常都道府県の行政書士会で，会員のための相談会を開催している（東京会では，月1回会員のための相談日を設けている）。

③　役所の担当者に問い合わせる

　本来，役所の担当者は，行政書士のアドバイザーではない。しかし，手続きが円滑に進めば，依頼者の利益のみならず，役所の利益にも資する。

　役所に問い合わせる時は，常に相手に対して，敬意と配慮を払いながら接することが重要である。担当者の時間を必要以上に奪わないように，質問事項を絞って確認することが必要である。

　なお，残念ながら，行政書士の中には，役所の担当者と論理的に議論できない者がいる。専門家として恥ずべきことである。

　業務を速やかに遂行して依頼者とのトラブルを回避する上で，いざというときに相談できるアドバイザーを確保しておくことは極めて重要である。

「これは！」という先生を見つけよう

　都道府県の行政書士会に入会すると，さまざまな業務研修があります。その中でも役所の担当者が講師の研修会は，最新の情報入手が期待できます。積極的に参加しましょう。行政書士で，たとえば，「建設業なら○先生」「産業廃棄物なら□先生」という"専門家の中の専門家"が講師を務める研修会があります。私もこのような研修会は今でも参加しています。

　研修会を通じて「これは！」という先生を見つけてアドバイザーにしましょう。

(3)　パートナーを確保する

　パートナーとは一つの業務を遂行する上で必要な他士業の者のことである。パートナーは業際の観点からも重要な存在である。

　建設業業務を完遂するには，広い専門知識が要求される。パートナーの協力が必要となる場合もある。頼りがいがあるパートナーを同業者に紹介してもらうなどして確保しておくこと。

図表13◆建設業許可業務のパートナー＆アドバイザー

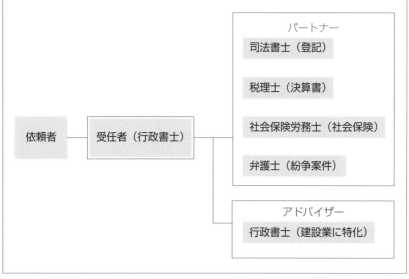

トラブルを回避して 円滑に業務を遂行する肝

　業務を遂行する上で，トラブルが生じるケースは少なからずある。そのトラブルを可能な限り回避して，円滑に業務遂行する方法を提示する。

2-1　トラブルを知る（処分事例）

　処分事例を知ることはトラブルを回避するのに有益である。

　日本行政書士連合会（略称：日行連），都道府県の行政書士会および都道府県庁は，ホームページ等で「処分事例等の公表」を行っている。

　以下に，建設業許可申請手続関連（経営事項審査申請手続を含む）の処分事例を提示する。

　これを読むと，どのようなことでトラブルが発生しやすいかわかる。

図表14◆処分事例

	処分内容	処分理由（抜粋）	根拠条文
①	3年間の会員の権利の停止	建設業許可申請手続につき，依頼者に進捗状況を説明しないで，業務を長期間放置した。	行書10
②	廃業の勧告・5年間の会員の権利の停止	建設業許可申請手続につき，依頼者より申請に必要な書類および報酬を受け取っていたにもかかわらず，業務を履行しなかった。 また，依頼者との上記手続の委任契約の解除後も，申請に必要な書類および報酬を返却しなかった。	行書10
③	2か月間の業務の停止	特定建設業許可を有する依頼者と共謀のうえ，虚偽の経営事項審査申請書類を作成し，役所に提出した。	行書10，14違反

		また，これにより，建設業法違反等の罪により罰金の略式命令を受けた。	
④	1年間の会員の権利の停止	経営事項審査申請手続に関連し，第三者に一般建設業許可書を偽装させた。	行書10，13違反
⑤	1か月間の業務の停止	当該行政書士が，補助者への指導監督を怠ったことにより，当該補助者が顧客と共謀の上，虚偽の経営事項審査申請書類を作成し役所に提出したこと。	行書10，13違反

参考：『月刊日本行政』（日本行政書士会連合会）

> **参考：行政書士法**
> **（行政書士の責務）**
> **第10条** 行政書士は，誠実にその業務を行なうとともに，行政書士の信用又は品位を害するような行為をしてはならない。
> **（会則の遵守義務）**
> **第13条** 行政書士は，その所属する行政書士会及び日本行政書士会連合会の会則を守らなければならない。
> **（行政書士に対する懲戒）**
> **第14条** 行政書士が，この法律若しくはこれに基づく命令，規則その他都道府県知事の処分に違反したとき又は行政書士たるにふさわしくない重大な非行があつたときは，都道府県知事は，当該行政書士に対し，次に掲げる処分をすることができる。
> 一　戒告
> 二　2年以内の業務の停止
> 三　業務の禁止

2-2　トラブルの原因

　2-1の処分事例を踏まえ，トラブルの原因を分類すると，大きく「依頼者」と「役所（申請窓口）」への対応に分けられる。

(1)　依頼者への対応

　依頼者に対する次のような対応がトラブルを生じさせる。

①　回答があいまい

たとえば，「今の会社の状況で許可を取得できますか」といった質問にはっきりと答えられない。

これは，業務遂行上の基礎知識に欠けていることが原因である。

②　対応が遅い

知識と経験不足が原因で，業務が俯瞰できない。そのため，現時点で「何を」「どのように」進めてよいかわからない。

③　費用があいまいなまま受任する

業務遂行に要する手間と時間がイメージできないために，面談の段階で費用を提示しないまま受任してしまう。

④　「ロードマップ」を示せない

相談者は「ロードマップ」（業務がどのような段取りでどのくらいの期間で完了するかを示すスケジュール）に強い関心がある。許可取得後の事業計画を練る必要があるからだ。ロードマップを示さないまま受任すると「まだ許可が下りないのか」「仕事が遅い」といったクレームを付けられる。

⑤　適切な報告を怠る

依頼者にとって許可取得の有無は，事業計画や業績に影響を及ぼす。手続きの進捗状況に関心が高い。

適切に進捗状況を報告しないと依頼者は行政書士に対して不安を覚える。

(2)　役所（申請窓口）への対応

都道府県によって，申請の取扱いは異なる。その点を理解しないで業務を遂行すると次のようなトラブルが生じる。

① 予約の有無

　申請手続を行う際に予約を求める都道府県がある。

　予約が必要な役所に予約なしに訪問し申請手続を行おうとしても，担当者から「予約を入れてから来てください」と言われて，受け付けてもらえないことがあるので注意を要する。

② 提出書類の違い

イ）部数の違い

　　通常，知事許可は都道府県庁へ申請する。行政書士が持参する申請書類は窓口に提出する「正本」と，依頼者に提出する「副本」の計2部で足りる。

　　しかし，「出張所」経由で手続きを義務付けている都道府県庁もある。この場合，通常計3部を準備しなければならない（出張所への控えが追加されるため）。

　　この点を確認しないで本庁の役所に出向くと，担当官から「申請窓口は本庁ではなく出張所ですので，受け付けられません。出張所に行ってください」と言われて受理されない。

　　仮に出張所に出向いても，申請書類を2部しか準備していないと，出張所の担当官から「もう1部の書類がないと受け付けられません」と言われてしまう。

ロ）申請書類の書式の違い

　　基本的な書類は全国でほぼ統一されている。

　　しかし，都道府県の中には，一部の書類につき「独自の書式」を指定しているところもある。

　　その場合，都道府県が指定する書式を提出しないと，申請を受け付けてもらえない。

③　証拠書類の解釈の違い

　申請書類の内容を立証する「証拠書類」の解釈が都道府県によって異なる場合がある。具体的には次のようなケースである。

　証拠書類の解釈を事前に確認せず，B県の計算方法を行う役所に対し，A県の計算方法によって行った証拠書類を持参しても，経験年数が認められない。

図表15◆専任技術者につき10年分の実務経験を請求書の書類にて立証する場合の年数計算

	実務経験の計算方法	請求書①，請求書②から認められる期間
A県	おおよそ1か月に1枚の工事請負の請求書を10年分，請求書の枚数として，約120枚分の請求書を提示することにより，10年分とする。	2か月 →平成25年4月と5月の<u>2か月</u>の内装工事の実務経験が認められる。
B県	当該工事の工期日数の合計が10年分，すなわち約3,650日を超える分の請求書を提示して，10年分とする（請求書記載の工事の工期をつなぎ合わせて約3,650日を超えることを確認していく作業が必要）。	14日間分 →請求書①から8日分，請求書②から6日分の<u>計14日分</u>の実務経験のみ。 ↑ A県の場合に比べ，1か月分も認められず，B県の方が確認作業の手間がかかる。

```
        請求書①
 △株式会社御中
 ○○マンション内装工事
 （工期4月21日～28日まで）
  金90万円（消費税別）
         平成25年5月5日
      ▼工務店○印
```

```
        請求書②
 △株式会社御中
 ○○アパート内装工事
 （工期5月15日～20日まで）
  金40万円（消費税別）
         平成25年6月5日
      ▼工務店○印
```

④ あいまいな案件に対する独断

「経営業務の管理を適正に行う能力を有するに足る経営経験」「専任技術者の実務経験」「営業所」等の許可要件の可否を判断しかねる場合がある。この場合，行政書士の独断で申請書類の作成や証拠書類の収集を行って，いきなり役所に申請しても，申請窓口の担当官から「この書類では，許可要件を満たしてるか判断できない」と告げられて，申請書が受理されないことがある。

■ 2-3 トラブル防止の心得

トラブル防止の心得を依頼者と役所への対応に分けて解説する。

(1) 依頼者への対応

相談者と面談する前に，業務の「専門知識」と「業務の進め方」を習得しておくこと。そうすれば，致命的なトラブルを回避できる。

① 明確に回答する

相談者の最大の関心は「許可を取得できるか否か」，その点を「明確」に伝えること。あいまいな回答をすると，許可取得の見込みがないのに「取得できる」と思い込んでしまって，トラブルに直結することがある。

もし，現時点で許可取得が困難であっても，相談者から丁寧に聴き取りをして，将来的に許可を取得するための「修正すべき点」を明確に伝えれば，相談者からの信頼を得て，受任につながる。

② 迅速に対応する（期日内に申請する）

手続きのフローを記載した「ロードマップ」を提示して，相談者に手続きに関する「現在位置」を的確に示すこと。

③　費用を提示する

　面談で，事実関係を聴き取り，業務のボリューム（所要時間）を想定して費用を提示する。

　原則，面談で提示すること。費用を提示できなければ，相談者は依頼のしようがない。万一，受任しても，費用をあいまいなままスタートすれば後々金銭をめぐるトラブルになる。

④　ロードマップを示す

　ロードマップを示すことにより，依頼者は安心感を得る。依頼した手続きの流れ，大枠，現在位置を確認できるからだ。

⑤　適宜進捗状況を報告する

　自分は「作業を進めているので問題ない」と思っていても，依頼者は進行状況が気になるものだ。

　「書類が集め終わりました」「申請書類が完成しました」「○月○日に申請します」「申請書類が受理されました」等，タイミングよく手続きを適宜報告すると依頼者は安心する。そして行政書士に信頼を置く。

Column 7

結果が重要であって，手続過程の報告は不要？

　時折，「顧客に報告をしても返答がないから，イチイチ報告をしても無駄だ」という意見を聞きますが，顧客は通常，本業の建設工事で多忙です。返答を期待するのは恩着せがましいと言われても仕方がないでしょう。

　私の経験上，顧客は返答しないことも多いですが行政書士の報告はしっかり確認しています。そして，安心するのです。報告を怠ることは顧客の信頼を裏切ることにもなります。十分注意してください。

(2) 役所（申請窓口）への対応

以下の点に注意して，担当者に真摯かつ誠実に対応することにより役所との
トラブルを防ぐことができる。

① 当該手続の管轄，予約の有無，提出書類を確認する

都道府県庁のホームページもしくはメールや電話などで事前に詳細を確認す
る。

問い合わせをする前に，質問内容を整理し，担当者が短時間で回答しやすく
すること。

② 証拠書類の解釈を確認する

申請する都道府県の『手引書』を入手して熟読する。

疑問が生じたら，申請書類を作成する前に役所に必ず確認すること。

確認作業を行う際，まず，予断を排すること。要求されている証拠書類を正
確に理解すること。

ここが実務の ポイント❽ 「手引書」の入手の仕方

従来，申請書は，手引書を該当する都道府県庁に直接取りに行ったり，
郵送で取り寄せたりしていた。現在，各役所のホームページで申請書をダ
ウンロードできる。

インターネットで，「都道府県名・建設業課」で検索すると見つけるこ
とができる。

③　都合よく解釈しない

　「経営業務管理責任者の経営経験」「専任技術者の実務経験」「営業所」その他の解釈に迷ったら，自分の都合のよい判断をせずに，必ず役所に確認する。もし，確認を怠り，行政書士が独断で申請書類の作成や証拠書類の収集を行って許可取得ができなければ，当然行政書士は責任を免れない。なお，一番不利益を被るのは依頼者であることを忘れてはならない。

　判断に迷う点を明確に説明できるようにした上で，真摯な態度で，役所の担当者に事前相談を申し込むこと。

Column 8
役所担当者からのアドバイス

　役所担当者から貴重なアドバイスをもらい，それがきっかけで許可取得につながったケースもよくあります。

　申請前に担当者に相談すると，許可を阻害する要因が明確になることがよくあります。それを申請前に解決することが，速やかな許可取得の実現につながります。その結果，顧客の信頼度を高めることになるのです。

元請から下請・孫請への「許可取得の要望」

　最近，下請業者や孫請業者から「元請から『許可をとらないと，工事を
発注しない』と言われてしまいました」という相談が増えている。この元
請からの要請の法的根拠は，以下の建設業法24条の7が中心となる。

1.　建設業法24条の7の内容は，以下の(1)〜(3)である。

　(1)　元請は，建設工事に参加するすべての下請業者が建設業法等その他
　　法令に違反しないように，指導に努めるべきである。

　(2)　下請業者が建設業法等その他法令に違反している場合には，元請は，
　　当該下請業者に違反行為を指摘して，違反行為を改めるように求める
　　ことができる。

　(3)　元請からの求めに応じることなく，下請業者が違反行為を改めない
　　ときは，元請は，その事実を，都道府県知事（実際には，各役所の建設
　　業課）に通報しなければならない。

　　　さらに，建設業法24条の7に派生する条項（建設28，29の5，47
　　①二，53）に関して，留意する必要がある。

　(4)　元請が，(3)に関する通報等の責任を果たさないと，国土交通省や都
　　道府県知事より，その違反行為若しくは不適正な事実を改めるために
　　具体的な措置を取ることを命じる行政処分（指示処分）を受ける（建設
　　28）。

　(5)　(4)の指示処分を受けたにもかかわらず，元請が，その処分に従わな
　　いときは（下請に対して具体的な措置を講じることなく，放置した場合等），
　　国土交通省や都道府県知事は，1年以内の期間を定めて，営業停止処
　　分を命じることができる。

(6)　元請は，(5)の営業停止処分を受けた場合，その事実を公表されることになる（建設29の5）。

(7)　なお，(5)において，営業停止処分を受けたにもかかわらず，会社の代表者や従業員等が建設業を行えば，その者は，3年以下の懲役または300万円以下の罰金に処せられる（建設47①二）。

　　さらに，法人自体にも，300万円の罰金が処せられる場合がある（建設53）。

2．まとめ

　本来，建設業法によると，請負金額が500万円以上の内装工事を行う場合，「内装工事業」に関する建設業の許可が必要となる。しかし，現状において，下請業者，孫請業者の中に建設業の許可を有しないにもかかわらず，500万円以上の工事を行っている場合がある。これは建設業法に違反している。

　このような事態に対して，元請は，建設業法24条の7を根拠に適法に工事を行われるように，下請業者，孫請業者を指導する立場にある。逆に，元請としては，しっかり指導をしないと，上記(4)の指示処分を受けることになる。さらに，営業停止処分を受けるおそれもある。

　500万円の工事が少なからず発生する現状を踏まえると，建設業の許可を持っていない業者に工事の発注することは，元請にとって危険性を伴う。

　そのため，元請は上記の依頼を下請にするのである。

（参考）

建設業法

（下請負人に対する特定建設業者の指導等）

第24条の7　発注者から直接建設工事を請け負った特定建設業者は，当該建設工事の下請負人が，その下請負に係る建設工事の施工に関し，こ

の法律の規定又は建設工事の施工若しくは建設工事に従事する労働者の使用に関する法令の規定で政令で定めるものに違反しないよう，当該下請負人の指導に努めるものとする。

2　前項の特定建設業者は，その請け負った建設工事の下請負人である建設業を営む者が同項に規定する規定に違反していると認めたときは，当該建設業を営む者に対し，当該違反している事実を指摘して，その是正を求めるように努めるものとする。

3　第1項の特定建設業者が前項の規定により是正を求めた場合において，当該建設業を営む者が当該違反している事実を是正しないときは，同項の特定建設業者は，当該建設業を営む者が建設業者であるときはその許可をした国土交通大臣若しくは都道府県知事又は営業としてその建設工事の行われる区域を管轄する都道府県知事に，その他の建設業を営む者であるときはその建設工事の現場を管轄する都道府県知事に，速やかに，その旨を通報しなければならない。

第3章 業務手順

　本章では，一般建設業・知事許可の取得を希望する建設業者に対する業務手順（「受任」「書類作成」「証拠資料収集」「役所申請」「納品」「費用請求」等）とトラブルなく速やかに業務を完了させる方法について解説する。

　なお，「3－3⑶「見積」を提示する」については，その重要性を示すにとどめ，「4　見積書の作り方」（P171）で詳述する。

▌3-1　業務フロー

　適正に業務を行い，報酬を得るためには業務を俯瞰できなければならない。
　許可の種別に関係なく，業務の流れの基本は次のとおりである。なお，繰り返し業務を行っているうちに，修正箇所が当然出てくる。各自，適宜，修正・改良し，自分に合った業務フローを完成させてほしい。

図表16◆問い合わせ～業務完了までの業務フロー

⑴　相談者からの問い合わせ（引合い）
　許可取得の可能性の有無につき，最低限の事情確認を行う。
　面談の必要があれば面談の日時・場所を決める。
　その際，面談時に用意する書類を伝える。
　　↓
⑵　面談（打合せ）
　①　『チェックリストA』（P65）『チェックリストB』（P74）を基に，依頼者からの聴き取りを行い，面談の内容，提出された書類等を総合的に判断して，「許可取得の見通し」（P86）を伝える。

② 見積を示し，先方に受任する意思がある場合には委任契約を締結（P90）し，今後の手続きの流れの説明，提出書類の提示（『必要書類リスト』 P94）および着手金の入金を依頼する。最後に，次回の面談の予約をする。

↓

(3) ┃着手金の入金┃

(4) ┃業　務　着　手┃

① 書類作成，証拠書類収集を行う。
② 進行状況を顧客に適宜，報告する。
③ 不足書類や確認事項が発生した場合は依頼者に報告する。
④ 書類作成上で不明な点は，適宜，役所に確認する。
⑤ 次回の打合せまでに，書類等をほぼ完成させる（依頼者に再確認が必要な事項は除く）。

↓

(5) ┃打　合　せ┃

① 書類内容の確認
② 営業所の撮影（外観・室内）（P152）
③ 印鑑押印を行う（委任状，委任契約書など）。

↓

(6) ┃申請への最終準備┃

① 申請書の最終確認（証拠書類，誤字・脱字等）
② 必要部数を揃える（原則として「正本」（役所用），「副本」（顧客用）の2部。但し，出張所用にもう1部（計3部）提出する場合あり）。
③ 申請内容（工事内容等の質問に即答できるように準備する）
④ 申請の際，予約が必要な役所には，予約を入れる。

↓

(7) ┃役　所　申　請┃

役所の担当者に，真摯かつ丁寧な対応を心がける。

↓

┌─────────────────────────────────┐
│ 不足・追加書類や修正の指摘を受けた場合 │
│ ① 早急に用意・訂正して，再び訪問する（「再来」という）。 │
│ ② ファックス対応で済む場合もあるので要確認。 │
└─────────────────────────────────┘

受理　　　　受理
↓　　　　　↓

(8) ┃依頼者へ報告┃

① 依頼者に受理されたことを電話で報告する。
② 役所より「受理印」のある申請書（第1面）をファックス若しくはメール（PDFを添付）する。

  ↓

(9) 役所からの問い合わせに備える（目安として受理後2週間以内）

  ↓

(10) 書類返却と請求書発行

① 残額の請求を行う（請求書の発行）
② 今後の説明を行う。
    イ）事務所内に標識の設置　ロ）年1回の役所への決算報告届（決算変更届）等
③ 顧客に「許可通知書」が到着次第，自分（行政書士）にファックスするように指示する。

  ↓

(11) 入金および「許可通知書」のファックスを確認

  ↓

(12) 領収書の発行

  ↓

業務完了

ここが実務のポイント❿ 許可申請中に許可証の提示を要求された場合の対応

　許可申請中に依頼者が注文者から許可証の提示を要求されていることがある。

　この場合，許可証が手元にない。そこで，受理印のある申請書の第一面（表紙）の写しを渡すことで対応してもらう。

　依頼者は，注文者に許可の申請手続が進んでいることをアピールできる。そのために，行政書士は，申請書に「受理印」をもらった段階で，速やかに，当該申請書（第1面）を依頼者に渡すべきである。

3-2 相談者からの問い合わせ

相談者から直接，若しくは紹介者を通じて問い合わせが入る。
その際に「聴く」「話す」「決める」ことは次のとおりである。

(1) 「聴く」こと

面談を円滑に行うために次の3つのことを聴く。

① 取得希望の許可業種
② 建設工事の請負年数・業務フロー
③ 建設業の経営経験の有無（個別に）
④ 技術者の資格・実務経験の有無（個別に）（資格者の有無）
⑤ 営業所の場所
⑥ 資金の有無

(2) 「話す」こと

聴き取りで得た情報から，許可の取得の見通しを伝える。費用の概算も伝える。

(3) 「決める」こと
① 取るべき対応を決める。

以下のイ）からハ）に分類される。

イ）取得の可能性が高い→面談の日時・場所を決める。

ロ）今後，取得の可能性がある→日程調整の上，面談する。

将来の顧客となる可能が大である。

ハ）取得の可能性が低い→必要に応じて，面談する。

どのような点が許可を阻んでいるのかを丁寧に
説明する（将来の顧客の可能性を探る）。

↓

② 面談を行う場合は，面談時に提出しておいてほしい書類を通知する。

> **ここが実務のポイント⓫　初回の面談で準備してほしい書類**
>
> 以下のものがあれば，面談当日，許可の取得の有無，時期を把握することができる。
>
> 但し，素人の依頼者がすぐに以下の書類を用意できるとは限らない。
>
> 当日，全く見当違いのものを提出してくることもあるが，その点も見込んでおくこと。
>
> □ 相談者が法人の場合，「登記簿謄本」「定款」「確定申告書（最低5年分）」
>
> □ 相談者が個人の場合，「個人の確定申告書（最低5年分）」
>
> □ 個人・法人共通：「契約書」，「注文書」と「注文請書」，「請負工事に関する請求書」と「通帳」等請負工事の実体を示すもの（当該請求書の金額が実際に入金されていることを確認できるもの）

3-3　面談から受任まで

面談では先入観を持たず，虚心坦懐の姿勢で臨むこと。相談者が自らの状況を誤って認識していることがよくあるからだ。

また，相談者の中には「経営経験」や「実務経験」の立証，あるいは「営業所」についてさまざまな事情を抱えている者もいる。

面談前の情報で「許可が取得できる」と思い込まれてしまうと，面談で柔軟な回答ができなくなり，判断を誤りかねない。充分に注意すること。

では以下，面談の流れを詳説する。

(1) 聴き取りを行う

① チェックリストの活用

面談で最も大切なのは,「許可取得」のための必要事項を効率的に漏れなく聴き取ることである。

聴き取りは,手続きのボリューム（どの程度の手間・時間がかかるか）を知る上でも重要だ。

そのために,「チェックリスト」で確認しながら面談を行う。

そこで,筆者が実務で使用している「チェックリストA」「チェックリストB」を紹介する。

「チェックリストA」には,許可申請に必要な事項が網羅されている。

「チェックリストB」には,人材要件についての確認事項が網羅されている。

各自,学習・実務を通じて,修正・加筆して,使いやすいオリジナルの「チェックリスト」を作成すること。

なお,各チェックリストの記載方法については②で後述する。

図表17◆チェックリストA（許可要件等確認）

チェックリストA （許可要件等確認）

1.
(1) 会社名
(2) 「一般」か「特定」か
(3) 「知事許可」か「大臣許可」か
(4) 取得したい許可業種
(5) 企業形態（個人か法人か）　　：謄本・定款等目的欄の記載確認（←★1）
(6) 業歴（年数）：　　　　　工事内容：
(7) 資本金
(8) 従業員等使用人の人数
(9) 決算日

2.「人材」要件
(1) 社長，役員，技術者等の経験について（←★2）

	経営経験	該当資格	実務年数	学歴	注
役員（社長）					
役員					
技術者					

(2) 役員・従業員は社会保険に加入しているか？（現在の常勤性の確認）
(3) 実務経験期間の常勤性を確認できる書類があるか？（過去の常勤性の確認）（←★3）

3.「施設」（営業所）要件
(1) 使用権限について
　① 申請者が「個人」の場合
　　イ）営業所の場所は，個人の住民票上の住所と同じか？（はい・いいえ）
　　　→「いいえ」の場合，当該場所は自己所有か？
　　　　→自己所有：当該営業所の建物の登記簿謄本等で証明できるか？
　　　　→自己所有でない：使用貸借契約，賃貸借契約を締結しているか？
　　　　　その際，上記契約の使用目的欄は「事務所」と記載されているか？
　② 申請者が「法人」の場合
　　イ）営業所の場所は，登記上の所在地と同じか？（はい・いいえ）
　　　→「いいえ」の場合，当該場所は，自社所有のものか？（はい・いいえ）
　　　　→はい：当該営業所の建物の登記簿謄本等で証明できるか？（　　）
　　　　→いいえ：使用貸借契約，賃貸借契約を締結しているか？（　　）

　　　　　　　上記契約の使用目的欄は「事務所」と記載されているか？（　　）
　(2)　「状態」について
　　　□　建物外観・入口の看板・標識等から建設業の営業所の確認が可能か？
　　　□　ポスト（郵便受け）があるか？
　　　□　「独立性」（居住部分，他法人又は他の個人事業主とは間仕切り等で明
　　　　　確に区分されるなど。事務所内のレイアウトの確認）
　　　□　「事務所の形態」（電話，机，ＰＣ関連，ＦＡＸ機，各種事務台帳等を備
　　　　　えるなど）をなしているか？
　　　□　契約の締結等ができるスペースを有しているか？
　(3)　社会保険適用事務所になっているか？（例外に該当するか？）（←★4）
　4．「財産」要件
　(1)　直前の決算において，貸借対照表の自己資本額（純資産額。資産額から負債
　　　額を差し引いた額）が500万円以上（←★5）あるか（決算未到来の場合は開始貸
　　　借対照表）？
　　　→純資産額が500万円以上ない場合
　　　　金融機関から500万円以上の預貯金残高証明書（残高証明書）（←★6）の入手
　　　は可能か？
　5．その他
　(1)　「所属建設業団体」はあるか？
　(2)　「主要取引先銀行」はどこか？
　　以上

「チェックリストＡ」使用のワンポイント

★1　法人は定款や履歴事項証明書の目的欄に「建設業」を行う旨の記載が必要である。
　　　その記載がないと，役所から「建設業を行う旨の目的追加（定款変更手続）を
　　行ってから，新規申請してください」と指示されることが多い。
　　　もっとも，「定款変更する」旨の念書を提出することで対応してくれる役所もある。
　　目的の記載方法については，申請先の役所に確認すること。
　　　たとえば，Ａ東京都の場合，「建築・土木工事の施工（請負）」と記載すれば，建
　　設法上認められる29業種申請が認められ，「管工事」「内装仕上げ工事」など個別
　　の工事名を記載する必要がないという取扱いをしている。

★2　社長・役員・技術者の学歴および建設業に携わった実務経歴を聴き取りながら，
　　表の中で，どの組み合わせの許可申請が可能かの当たりを付けておく。
　　　経営業務管理責任者・専任技術者といった許可要件の内容を知らない相談者が大
　　勢いる。そこで「候補者」として最適な人物を行政書士から相談者に提案するので
　　ある。
　　　「自社」：申請者（「法人」「個人」）

「他社」：申請者以外の者（「法人」「個人」）

★3　特に専任技術者候補者の過去の実務経験期間について常勤性の有無を確認するための聴き取りである（注意：たとえば東京都では常勤性の裏付け資料が必要となるが，不要とする地域もあるので，必ず申請先の役所等で確認すること）。

　　　この点については，下記「ここが実務のポイント12」で触れることとする。

★4　令和2年10月1日より，社会保険適用事業所すなわち適切な社会保険に加入していることを，建設業許可の要件とした（P34参照）

　　　それを確認する資料としては，以下のものとなる。

①　健康保険および厚生年金保険の加入を証明する資料は，概ね下記1），2）のいずれか。

　　1）健康保険および厚生年金保険の保険料の納入に係る領収証書

　　2）健康保険および厚生年金保険の納入証明書

②　雇用保険の加入を証明する資料は，概ね下記1），2）のいずれか。

　　1）労働保険概算・確定保険料申告書の控え及びこれにより申告した保険料の納入に係る領収済通知書

　　2）雇用保険料納入証明書等

★5　法律上は，貸借対照表にある「資産」から「負債」を控除した額（純資産という）が500万円以上ある会社であれば，最低限，信用に値するとしている。

　　　以下の図を参照のこと。

注）上記表はわかりやすいように円単位にしてあるが，通常は，千円単位であることが多い。

★6　純資産額で立証できない場合は，500万円以上の現金・預貯金があることを証明するために，金融機関発行の「残高証明書」が必要になる。

なお，「申請日より1か月以内」に発行されたものでなければならない。
したがって，当該会社の入出金の流れを踏まえて，依頼者に金融機関へ残高証明書を請求するタイミングを指示すること。

ここが実務のポイント⓬　過去の常勤性（専任技術者）

　過去の常勤性証明とは，過去に当該会社等に常勤していたことの証明を意味する。役所の手引書を見ると，証明に必要な書類が提示されているが，各役所によって微妙に異なっている。この点は必ず役所に確認をすることが重要である。以下，専任技術者の場合について説明する。

　過去の実務経験期間の常勤性を証明する資料が必要となるか否かは各都道府県の担当役所によって異なるので確認する（ある役所は，様式9号「実務経験証明書」（参考 p 145，146）により，該当期間の常勤性をも証明したものとして，以下のような書類を不要とする役所もある）。ここでは，上記証明資料を必要とする役所（たとえば東京）に合わせて説明する。この立証は，時として困難となる場合があり，許可にたどりつかないケースもあるため，慎重を要する。

(1)　専任技術者が経営業務管理責任者と同一人の場合

　経営業務管理責任者の経営経験について，登記簿謄本等での確認にとどまり，常勤性の有無の確認を要求しない場合であっても，その者が専任技術者であれば，専任技術者の観点から，常勤性の確認が必要となる。

　この場合は，取締役＝経営業務管理責任者＝専任技術者であることから，まずは，

　①　当該法人の確定申告書（表紙および別表にある役員報酬内訳書）による立証が考えられる。

　役員報酬があまりに低ければ，常勤しておらず，「名義貸し」との疑念が浮かぶからである。報酬額は，役所により異なる。年間最低「180万円？」「130万円？」などと数字が独り歩きする場合もあるが，役所は，特に明言していない。その趣旨は，報酬額を含め総合的に常勤性を判断することにあると思われる。行政書士としては，役員報酬額を見たときに，常勤という概念に対する一般社会的観点から判断していくべきである。

　また，健康保険や厚生年金などの社会保険等に加入していれば，

②　健康保険被保険者証（事業所名と資格取得日が書いてあるので，加入している期間がわかる）

③　厚生年金加入期間証明書，ねんきん特別便の写し，被保険者記録照会回答票のいずれか（過去にどこの会社に勤務していたかなどが時系列でわかる）

から立証するが，実務経験期間を網羅していれば，①よりも②③で立証する方が容易である。前の勤務先の常勤性立証（他社証明の場合）の場合に，③は有益である。

　しかし，令和2年10月1日法改正以前には，社会保険等に加入してない会社が存在していた以上，この場合には，やはり「①当該法人の確定申告書（表紙および別表にある役員報酬内訳書）」を基本に立証していくことになる。もっとも1業種につき最長で10年分必要であることから，古い資料は紛失しているケースもある。よくあるのは，銀行等に融資審査を受けるために，確定申告書を提出し，返却後も特に整理することなく，放置・紛失するケースなどである。

　そこで，たとえば，

④　住民税特別徴収税額通知書（期間分。特別徴収を行っていることを示す書類。本来，住民税は，個人で収めるもの（普通徴収という）であるが，所得税の源泉徴収義務がある給与支払者（会社など）は，法律で，原則としてすべて特別徴収義務者として，社員の個人住民税を特別徴収することになっている（会社が従業員のために住民税等を天引きをすることを特別徴収とい

う）。特別徴収される人なのだから，常勤で雇用されているということを裏側から認定していく資料として扱うものである）

⑤　給与所得の源泉徴収票等の法定調書合計表（期間分。各従業員の給与が記載されており，その合計額および源泉徴収税額を税務署に提出するものである）

などの利用を考える。

　また，会社の会計を担当する税理士事務所に協力をお願いすることもある。電子申告を行っている事務所であれば，その写しを利用できるからである。

　いずれにしても，手引書が予定する書類が揃わない場合には，役所の担当者に相談することが必要となる。思わぬヒントをくれるときも多い。

　最後の方法として，時間がかかるかもしれないが，

⑥　紛失した年度分の①当該法人の確定申告書（表紙および別表にある役員報酬内訳書）につき，国税庁に当該法人の情報公開請求によって取り寄せを行うこと

でも対応できる。なお，確定申告書を提出した税務署では，当該書類につき閲覧は認めているが，その複写（コピー）までは認めていない。そのため，先述の情報公開制度を利用するのである。

⑵　専任技術者と経営業務管理責任者が異なる場合（法人の従業員等）

　専任技術者は，従業員であることから，利用できる立証資料としては，

　⑴に記載したうちの「②健康保険被保険者証」，「③厚生年金加入期間証明書，ねんきん特別便の写し，被保険者記録照会回答票」のいずれか，特別徴収を行っていれば「④住民税特別徴収税額通知書」が考えられる。

　もっとも，これらの書類がない場合は立証が難しくなる。一時期は従業員の「源泉徴収簿」，会社の代表印のある「常勤証明書」（さらに，「源泉徴収簿」に記載された全額の入金を確認できる通帳等）で認められたこともあったようである。

　しかし，現在では「源泉徴収簿」も「常勤証明書」も会社で勝手に作れ

ること，入金が確認できても，これが雇用されていたことの証明にはならない（請負かもしれない）ことから，立証書類としては認めていない。

そこで，東京都などは，社会保険加入，特別徴収がない等の場合の常勤性の証明として，

① 会社の「源泉徴収簿」のコピー

② ①に対応する納付書（領収書）の原本（源泉徴収税額の納付が確認できるもの）

を必要としている。

自社の従業員の立証であれば提出可能であろうが，他社の従業員の立証としては，通常，他社から上記①②を貸してもらうことは個人情報保護の点から難しく，常勤性の立証が困難となる。

Column 9

賃貸借契約書（会社と社長）

　建設業者の営業所の使用権限を確認する必要がある場合，賃貸借契約書（もしくは使用貸借契約書）を提出してもらうことがあります。ない場合には，新たに作成することもあります。

　その際，小規模な会社だと，土地と建物は社長個人の所有で，その建物を社長が代表取締役を務める会社に賃貸するというケースがあります。

　たとえば，申請者がA株式会社（A氏が100％出資した会社で，代表取締役もA氏）の場合，建物である営業所の貸主はA，借主はA株式会社ということになります。

　民法上でいえば，Aは自然人，A株式会社代表取締役Aは法人ということで別々の法人格を有し，双方の契約は可能です。

　法律実務家からすると当たり前ですが，依頼者の中には，個人と法人の持ち物を混在している場合もあり，法人格の違いを丁寧に説明する必要があります。

　このように，常に「依頼者目線」の説明が必要となります。

賃貸借契約書

　A（以下甲という）と　株式会社A（以下乙という）は，次のとおり契約を締結する。

第1条（賃貸借室の表示）

　　甲は，甲の所有する下記物件を乙に賃貸し，乙はこれを賃借する。

第2条（用途の制限）

　　乙は，賃貸借室を事務所として使用するものとし，他の用途に使用してはならない。
（注）

　　・・・・・

別人格！

令和3年2月19日

貸主：A　㊞

借主：A株式会社

代表取締役A　㊞（会社印）

（注）　事務所使用であることを明記すること（住居使用では不可）

図表18◆チェックリストB（経営経験・実務経験）

チェックリストB （経営経験・実務経験年数について）

年数	年度	常勤役員等				専任技術者				メモ
		謄本	確申	請求書等	通帳	資格証	請求書等	通帳	常勤性	
1										
2										
3										
4										
5										
6										
7										
8										
9										
10										
11										
12										
13										
14										
15										
16										
17										
18										
19										
20										

◆自社証明のみで済む場合

☐自社の上記期間の請負契約書or注文書と注文請書or請求書等
☐請求書等に対応する通帳の原本（★1）
☐確定申告書
☐実務経験期間の常勤性を確認できる書類

◆他社証明が必要な場合

　□該当の他社は，経験者の在籍時に建設業許可業者であったか？
　　はい→役所にて許可番号・許可取得保持期間を確認。
　　いいえ→原則：他社に以下の書類の準備をお願いできるか（協力を得られる
　　　　　　　　　か）？
　　　　　　□他社から実務経験証明書による証明をしてもらう
　　　　　　□上記期間の他社の請負契約書or注文書と注文請書or請求書等
　　　　　　□請求書等に対応する通帳の原本（★2）
　　　　　例外：他社の協力が得られないことに正当性がある場合（他社の解散，
　　　　　　　　破産等）には，経験を積んだ会社の当時の取締役または本人の
　　　　　　　　証明で対応。ただし，役所に事前相談が望ましい。
　□実務経験期間の常勤性を確認できる書類（★3）

「チェックリストB」使用のワンポイント

★1，2

　許可業者ではない場合の経営経験，実務経験は，工事請負契約書や請求書，注文書を
基に立証していくことになる。それぞれの書面について説明すると，以下のようになる。
　① 工事契約書：注文者と建設業者との合意
　② 請　求　書：建設業者からの一方的な意思表示
　③ 注　文　書：注文者からの一方的な意思表示
　④ 注 文 請 書：建設業者からの一方的な意思表示

　①は，両契約当事者の意思が反映されていることから，この書面のみで経営経験・実
務経験の立証資料となる。

　それに比べ，②は，建設業者からの一方的意思のみの反映に過ぎない，したがって，
請求書に対応する「請負代金が入金されているかの証明となる通帳等」を合わせて立証
資料とする。

　③は，注文者自身の意思を表した注文書であるが，④と合わせて，請負契約の意思の
合致があるといえ，立証資料となる場合もある。しかし，電子データ等の注文書やFA
X送信された注文書の場合には，改ざんの余地があるので，②の場合同様，立証資料と
して，注文書に対応する「請負金額が入金されているかの証明となる通帳等」も必要な
場合もある。

　以上のとおり，依頼者の状況によって提出書類が異なるので，注意を要する。判断に
迷ったら必ず申請先の役所に確認すること。

　実務を進めていくと，建設業界では，公共工事を除いて，多くは請求書，注文

書等で発注が行われており，なかなか契約書が発行されないのが現状であること
がわかる。したがって，本書は，特に立証の機会が多い「請求書」を中心に説明
する。

★3
　p68ここが実務のポイント⑫「過去の常勤性（専任技術者）参照」。

Column 10

面談の場所（初回の打合せ場所）

　面談の場所は，事務所か相談者のもと（会社・自宅等）のいずれがよい
でしょうか。

　私は「許可取得の可能性が高い」と感じた時には相談者のもとで実施す
ることにしています。

　その理由は，次の3点です。

①　通常，申請に必要な書類は会社で保管しているので，必要な書類等
　　をその場で確認・収集できて早く申請準備が始められる。

②　営業所の所在地，営業所内の間取りの確認ができる。

③　相談者の移動を避けることができる。

　なお，紹介者がいる場合は，極力最初の面談の同行をお願いしています。
相談者とのコミュニケーションがとりやすいというのが理由です。

---

②　 チェックリストA および チェックリストB の使用例

　以下の具体例に基づき，先ほど挙げた チェックリストA と チェックリストB
の使用例を示す。

人物相関図

甲野株式会社（令和2年1月設立）

　　代表取締役社長：甲野太郎

　　　　取締役：甲野幸之助（代表者の叔父）

　　　　　　（前職：丙田内装株式会社(代表取締役：丙田四郎)）

　　　　従業員：乙田三郎（2級建築施工管理技士）

事例 ①　　「一般・知事許可」の事例（資格者がいる場合）（令和5年5月現在）

　甲野太郎は令和元年11月に会社を退職して，令和2年1月末に「甲野株式会社」を設立した。

　設立当初から，叔父「甲野幸之助」（建設会社で役員歴有）に手伝ってもらっている。

　また，「2級建築施工管理技士」（仕上げ）の資格を取得している従業員（「乙田三郎」）がいる。

　会社設立から3年が経ち，業務拡大のため内装工事業の許可取得を希望している。そこで，仕事仲間から菊池行政書士を紹介してもらった。

(1)　許可取得希望会社：甲野株式会社

(2)　役員：代表取締役：甲野太郎，取締役：甲野幸之助（叔父）の2名

(3)　甲野幸之助（叔父）の前職：

　　丙田内装株式会社（代表取締役：丙田四郎）の取締役

　　取締役就任期間：平成29年12月から令和元年12月まで

イ）| チェックリストA |に関して

菊池行政書士は，甲野太郎社長より，
「一般・知事の建設業許可（業種は内装工事業）が取得希望である」
「他の業種は不要である」
「決算日は９月末である」旨を確認し，さらに以下のように，聴き取りを続けた。
甲野太郎社長（以下，社長とする）
「私は，以前は建設会社の社員でした。３年前に独立して会社を作りました。」

菊池行政書士（以下「行政書士」とする）
「社長以外の役員の経歴を教えてください。」
社長　「内装工事を手掛ける小さな建設会社の取締役を４年ほど務めていた叔父が，設立当初から取締役になっています。私を一人前にすると言って，毎日一生懸命働いてくれています」

行政書士　「叔父様が以前勤めていた会社は，内装工事の許可を取得していましたか？」
社長　「以前は取得していたそうです。しかし，叔父が取締役になる前に許可の更新をしなかったとのことです。それ以降は許可なしで小さな工事をやっていたそうです。」

行政書士　「社長と叔父様の学歴を教えてください。建設に関連性のある建築学科など卒業しましたか？」
社長　「二人とも高校は普通高校で，大学は経済学部です。建設には関係ないです」

行政書士　「内装工事の取得をご希望ですね。社長を含め役員の方で建設に関連する資格をお持ちの方はいますか？」
社長　「役員は私と叔父と二人です。二人とも資格を持っていません。実務はわかるのですが…」

行政書士　「では，従業員の方はいかがですか？」
社長　「乙田君は『２級建築施工管理技士の仕上げ』を持っています」
行政書士　「経歴を教えてください」
社長　「新卒で採用して３年目です」

⇒上記の聴き取りを「チェックリストA」に記入する。

図表19◆チェックリストA（事例①）記入例

```
┌──────────────────────────────────────────────┐
│                  チェックリストA                  │
│                                                │
│ 1.                                             │
│ (1)  会社名  甲野株式会社                          │
│ (2)  「一般」か「特定」か  一般                     │
│ (3)  「知事許可」か「大臣許可」か  知事              │
│ (4)  取得したい許可業種  内装工事業（他に取得できたとしても，内装工事業に │
│     特化したいという強い希望から不要）              │
│ (5)  企業形態（個人か法人か）→法人：謄本・定款等目的欄の記載確認  ＯＫ │
│ (6)  業歴（年数）：3年      工事内容：内装工事  兼業はしない。 │
│ (7)  資本金  300万円                            │
│ (8)  従業員等使用人の人数  役員2名，従業員3人（内1人は，事務方） │
│ (9)  決算日  9月末                              │
│ 2.「人材」要件                                   │
│ (1)  社長，役員，技術者等の経験について            │
└──────────────────────────────────────────────┘
```

> 経営経験が5年以上あるため

	経営経験	該当資格	実務年数	学歴	注
役員（社長）甲野太郎	3年（×最低2年足りない）	×	×（7年足りない）	なし	
役員（叔父）甲野幸之助	他社（丙田内装を含めて，7年）	×	×（3年足りない）	なし	常勤役員等の候補者
従業員 乙田三郎	×	○			専任技術者の1番目の候補者

> 希望業種に見合う資格者のため

(2) 役員・従業員は社会保険に加入しているか？（現在の常勤性の確認） はい

(3) 実務経験期間の常勤性を確認できる書類があるか？（過去の常勤性の確認）
　　専門技術者乙田氏は資格者なので，現時点の常勤性が確認できれば過去の分は不要

3.「施設」（営業所）要件

(1) 使用権限について

① 申請者が「個人」の場合

　　イ）営業所の場所は，個人の住民票上の住所と同じか？（はい・いいえ）

　　　→「いいえ」の場合，当該場所は自己所有か？

　　　　→自己所有：当該営業所の建物の登記簿謄本等で証明できるか？

　　　　→自己所有でない：使用貸借契約，賃貸借契約を締結しているか？

　　　　　その際，上記契約の使用目的欄は「事務所」と記載されているか？

② 申請者が「法人」の場合

　　イ）営業所の場所は，登記上の所在地と同じか？（はい・いいえ）

    →「いいえ」の場合，当該場所は，自社所有のものか？（はい （いいえ））

     →はい：当該営業所の建物の登記簿謄本等で証明できるか？（ ）

    （いいえ）：使用貸借契約，賃貸借契約を締結しているか？（はい）

     上記契約の使用目的欄は「事務所」と記載されているか？（はい）

 (2)「状態」について

  ☑ 建物外観・入口の看板・標識等から建設業の営業所の確認が可能か？

  ☑ ポスト（郵便受け）があるか？

  ☑ 「独立性」（居住部分，他法人又は他の個人事業主とは間仕切り等で明確に区分されるなど。事務所内のレイアウトの確認）

  ☑ 「事務所の形態」（電話，机，ＰＣ関連，ＦＡＸ機，各種事務台帳等を備えるなど）をなしているか？

  ☑ 契約の締結等ができるスペースを有しているか？

 (3) 社会保険適用事業所になっているか？（例外に該当するか？） はい

4．「財産」要件

 (1) 直前の決算において，貸借対照表の自己資本額（純資産額。資産額から負債額を差し引いた額）が500万円以上あるか（決算未到来の場合は開始貸借対照表）？ いいえ

  →純資産額が500万円以上ない場合

   金融機関から500万円以上の預貯金残高証明書（残高証明書）の入手は可能か？ はい

 5．その他

 (1) 「所属建設業団体」はあるか？ なし

 (2) 「主要取引先銀行」はどこか？ ○○銀行○○支店，▽銀行▽▽支店

※ 上記2(3)から5については，前述の会話には聴き取りの記載はないが，便宜上，このような聴き取りがなされたものとして，チェックリストに記載した。

 以上より

 乙田三郎は，資格を取得しているので，内装工事等の実務経験の立証は不要となる。

 叔父は，最低2年分の前職の会社における取締役時代の経営経験についての立証が必要である。この点は困難な場合（前の会社の協力が得られない等）も多いことを意識する。

　そこで，次の チェックリストB にて，叔父の経営業務管理責任者としての資料，および従業員の専任技術者としての資料を準備できるかを確認する。

ロ） チェックリストB

（会話の続き）

行政書士 「以上のお話を踏まえますと，

　　　　　『経営業務管理責任者』は叔父の甲野幸之助さん，『専任技術者』は従業員の乙田三郎さんが候補者として考えられます。

　　　　　お二人の報酬を教えてください」

社長 「叔父の方は，月に30万円ほど，乙田君は，月25万円以上です」

行政書士 「許可を取得するために，経営業務管理責任者や専任技術者になれる学歴や職歴を有する者に低報酬を支払って単に名義のみ借り受ける場合があるので，お聞きしました。

　　　　　この程度の額をお支払していれば大丈夫です。

　　　　　ただ，叔父様の経営業務管理責任者の経歴を立証するために，前職の会社から『請負契約書もしくは請求書等』を出してもらうなどいろいろと協力をお願いすることになります。

　　　　　立証期間の問題で，叔父様が建設業の経営経験があることを，認めてもらう必要があります。

　　　　　叔父様と前職の会社の関係は良好ですか」

社長 「叔父は円満退社して，今でも前の会社の方と飲みに行きます。その社長にも『協力はいくらでもします』と言ってもらっているので，問題ありません」

行政書士 「専任技術者となる乙田さんは資格をお持ちなので問題ないでしょう。

　　　　　叔父様ですが，経営業務管理責任者の職歴を証明するにはまず，貴社が設立されてから3年分の確定申告書や請負工事契約か，注

　　　　文書と注文請書もしくは請求書と工事代金の出入金が確認できる
　　　　通帳といったものが必要です。ご提出いただけますか」
社長　「はい，請負契約書や注文書はないですが，請求書や通帳，乙田君
　　　の資格証などはすぐにお届けします」

行政書士　「叔父様の貴社での経営経験は３年４月ほどです。何らかの建
　　　　　設工事の経営経験は５年必要ですから前職の書類が必要です」
社長　「会社が書類を保管していれば貸してもらえるでしょう」

行政書士　「前職の会社に書類の有無を確認してください」

　・・・続く。

　上記の聴き取りから，自社の書類は整うが，叔父の前職の書類は未提出の状
態である。そこで，「チェックリストＢ」の記載は次のようになる。

図表20◆チェックリストB（事例①）記入例

チェックリストB （経営経験・実務経験年数について）

年数	年度	経営業務の管理責任者				専任の技術者				メモ
		謄本	確申	請求書等	通帳	資格証	請求書等	通帳	常勤性	
1	H 30					○				
2	H 31〜R 1					○				
3	R 2	○	○	○	○	○				
4	R 3	○	○	○	○	○				
5	R 4	○	○	○	○	○				
6						○				
7										
8										
9										
10										
11										

資格がある。そのため，常勤性についても，現在の会社が社会保険に加入していることから，過去の常勤性の立証は不要となる。

自社証明箇所：比較的，書類を収集しやすい。

他社証明箇所：ここでの書類を収集できるかが重要となる。現時点では，不明ということなので，空欄にしてある。

◆**自社証明のみで済む場合**
- ☑ 自社の上記期間の請負契約書or注文書と注文請書or請求書等
- ☑ 請求書等に対応する通帳の原本
- ☑ 確定申告書
- ☐ 実務経験期間の常勤性を確認できる書類→不要

◆**他社証明を含む場合**
- ☐ 該当の他社は，経験者の在籍時に建設業許可業者であったか？
  はい→役所にて許可番号・許可取得保持期間を確認。
  いいえ→原則：他社に以下の書類の準備をお願いできるか（協力を得られるか）？
    - ☑ 他社から実務経験証明書による証明をしてもらう
    - ☑ 上記期間の他社の請負契約書or注文書と注文請書or請求書等
    - ☑ 請求書等に対応する通帳の原本
    例外：他社の協力が得られないことに正当性がある場合（他社の解散，破産等）には，経験を積んだ会社の当時の取締役または本人の証明で対応。ただし，役所に事前相談が望ましい。
- ☐ 実務経験期間の常勤性を確認できる書類→不要

２業種以上の許可

　事例①のような資格者がいる場合，過去には何らかの建設工事につき，6年間の経営経験の実績が認められないと，２業種以上取得できなかった。しかし，現在では，5年間の経営経験があれば，資格によっては２業種以上の取得できる。今回の専技が２級建築施工管理技士（仕上げ）なので，内装のみならず，大工，左官，屋根，タイル，板金，ガラス，塗装，防水，熱絶縁工事の取得ができる（ただし，今回の事例は，内装工事に特化したいという社長の希望から，内装工事だけを申請する）。

　今回の面談で，人材要件の専任技術者，施設要件の営業所，財産要件の残高証明書発行の以上３つについては，許可取得のための見通しがついた。

　懸念事項は，人材要件である経営業務管理責任者の立証に必要な叔父の前職の証明書類である。

　社長からの聴き取りでは，叔父の他社証明は可能ということなので，それを踏まえて，準備をして行くことになる。

面談の際の聴き取り方法（相談技法）

　面談・打合せ（相談業務）は，業務受任の有無を左右する。相談業務については，「相談技法」としてさまざまな研究がなされている。
　法律実務家の相談は，法的側面の問題解決のみに焦点を当てる相談方法が主流であった。その背景には，法律実務家と素人との情報・知識の格差があり，その差を埋めるのが法律実務家であるという考えがある。
　しかし，現在では，問題解決はもちろん，さらに相談者の言葉や態度に

隠されたものを探り，相談者を心理面においても支援する相談方法が望まれている。

　相談の内容は法的な問題のみならず，感情等を含む非法的な問題もあり，相談者は，その点についても話を聞いてほしいと感じているからである。建設業許可の相談といえば，許可取得の有無のみならず建設業を行う社長の熱い思いなどを聴き取り，共感することなどが挙げられる。

　相談技法は研究が始まってまだ間もない。業務の知識はもちろんのこと，相談者を中心とした相談技法というものを研究・実践していく時代が，法律実務家にも訪れたと感じている。

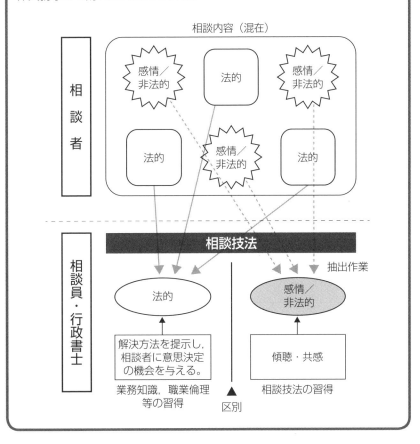

(2) 許可取得の見通しを伝える

　顧客の第一の関心事は許可取得の可能性である。

　そこで，顧客に手渡す顧客用のロードマップを作成して提示する。

　「チェックリストＡ」「チェックリストＢ」は，手続漏れ防止のためのリスト，すなわち「行政書士のもの」である。

　一方，「ロードマップ」は，ゴール（許可取得）までの流れを相談者に伝える「相談者のもの」である。

　なお，相談者に「ロードマップ」を提示する際に，許可取得の弊害があれば，相談者に伝えて是正の可能性を探っていく。

図表21◆ロードマップ（記載例を含む）

甲野株式会社様　許可取得へのロードマップ

菊池行政書士事務所

面談★　　　　本日：**5月10日**
　　内容：①許可取得の見通し②準備していただく書類の提示
　　　　　　③見積書の提示④受任の場合は委任契約締結⑤次回の面談日の予約
　↓　（2〜3週間くらい）
申請準備★　　　目安：**6月1日頃までに**
　　書類作成，証拠書類収集を行います。
　　内容につき，ご連絡させていただく場合があります。
　　※提示した書類の準備，着手金の入金をお願いします（**5月22日まで**）。
　↓
（打合せ）←目安：**6月7日頃**
　　（内容：①書類の確認②営業所の撮影③委任状等印鑑押印）
　　打合せは複数回行う場合があります。
　↓
申請の最終準備★　　　目安：**6月12日頃**
　　提出書類の確認をします。
　↓
申請　　　目安：**6月15日〜20日頃**
　　（役所との面談の結果，追加書類をお願いする場合があります）
　↓
　　受理・不受理をご連絡します。
　　受理の場合は，受理印のある申請書の表紙をファックス若しくはメールします。
　↓
　　（役所からの問い合わせに備えます）
　↓
　　書類返却時
　　許可取得後の説明（事務所内標識の設置，決算変更届の提出，経営事項審査
　　[請負業者として公共工事に参加することを前提とした審査]）および残金請
　　求書をお渡しします。
　　都道府県庁より「許可通知書」が到着次第，当事務所にファックスしてくだ
　さい。

特記事項★：今回は前職の書類をお借りする必要があるため，そのやり取りによっ
　　　　　　ては，上記のスケジュールどおりに進まない場合があります。あらか
　　　　　　じめご了承ください。

★　日付や特記事項があれば，記載する。
　　特記事項の記載は，本事案の場合の参考例。

(3) 「見積」を提示する

請求金額に関連して依頼者とトラブルになることが多い。

見積は，トラブル回避という点で重要な位置付けを占めるので，第4章「見積書の作り方」（P 171から）で詳述する。

なお，見積の提示には，トラブル回避以外にも重要な意味がある。

それは，「受任に至る依頼者となるか否かの選別作用」である。

たとえば，見積書を提示して費用の内容を説明したところ，いきなり値下げを要求されるなどで，相談者の合意が得られないことがある。

この場合，面談時間を延ばす必要はない。相談料を請求して面談を終了すべきである。そして時間とエネルギーを将来の依頼者に注ぐのである。

筆者の経験上，見積でもめた挙句受任すると，業務遂行過程で依頼者から協力が得られない等何らかのトラブルになるケースが少なくない。

(4) 受任する（「委任契約書」の締結）

面談の結果，受任したら，委任契約書の締結をする。

委任契約を締結しておけば依頼者との間で「委任される業務範囲の特定」「報酬の合意」「支払時期」「特に確認しておくべき事項（特記事項）」等が確定する。したがって，後で「言った言わない」という無用な争いを避けることができる。

「委任契約書」（記載例1）および「委任状」（記載例2）のモデルを紹介する。

なお，このモデルは最低限の項目が掲載されている。各自，学習・実務を通じて適宜追記して，使いやすいものに"進化"させてほしい。

> 【ここが実務の
> ポイント⑮】 印鑑の区別および本書における印鑑の表記について

　令和3年1月1日の施行規則等の改正より，原則として申請書類等への押印が不要となったが，全部廃業届や委任状については必要となるため，使用する印鑑について説明しておく。

会社代表印：法務局に登録してある会社の代表印（単なる銀行印とは異なる）のこと。

　　　　　　会社の書類等を会社の名義で申請する場合に用いる。

　　　　　　本書での標記としては，たとえば，「甲野株式会社の印鑑」の場合には， とする。

個　人　印：住所地に登録してある印鑑証明書に登録してある実印の場合と認印とがある。代表取締役であって，会社の書類ではなく，当該個人に関する書類を取り寄せる際に用いる。

　　　　　　イメージとしては重要な書類については実印，それ以外は認印ということなる。

　　　　　　本書での標記としては，たとえば，「甲野太郎の印鑑」の場合には， とする。

職　　　印：行政書士が職業上使用する印鑑。行政書士の実印ともいえる。

　　　　　　本書での標記としては， 行（職印） とする。

委任契約書

　委任者　**甲野株式会社**　（以下「甲」という。）と受任者行政書士　**菊池　行政**
（以下「乙」という。）は，以下のとおり委任契約を締結する。乙は，「民法」，「行政書士法」，その他法令を遵守し，早期に甲のため最善の結果を獲得することを目指し，甲は，乙の業務遂行に協力する。

（業務の範囲）
第1条　依頼の内容
①　建設業許可申請手続に関する一切の手続き
②　①にて必要となる書類の交付申請・受領に関する件
③　前各号に付随する一切の件

（契約金額）
第2条　契約金額：金　**44万円**（報酬額　**33万円**（消費税込）＋実費　**11万円**（※））
※新規申請手数料（新規）**9万円**，通信費，コピー代，交通費など

（支払い方法）
第3条　甲は，第2条記載の金額の半額を乙へ，①並びに②の2回に分けて支払う。
①金　**22万円**　（新規申請手数料含む。**令和5年5月22日（月）**までに振込み）
②金　**22万円**　（新規申請手数料を除く実費含む。手続完了後）

（振込先）
第4条　振込みは下記にするものとする。振込手数料は甲が負担するものとする。
　　　　◇◇◇銀行　◇◇◇支店　（普）　　　　　口座名義

第5条　特約
（1）　甲と乙は委託業務の実施上知り得た秘密を他に漏らしてはならない。
（2）　第1条以外の業務が生じた場合には，甲・乙協議するものとする。
（3）　本契約に定められていない事項が発生した場合又は疑義等生じた場合は，
　　　　甲，乙は円満に協議し事件解決に努めるものとする。
（4）　○○○
（5）　○○○○

　以上の内容を甲・乙双方十分理解した証として本書2通を作成し，双方記名・捺印の上各1通ずつ所持するものとする。
　　　　　　令和5年　5月　10日
　　　　委任者（甲）　　　住所　**東京都千代田区○○町・・・・**
　　　　　　　　　　　　　　　　甲野株式会社
　　　　　　　　　　　　　会社名　**代表取締役　甲野太郎**　　　　甲（会）
　　　　受任者（乙）　　　事務所所在地　**東京都○○区・・・**
　　　　　　　　　　　　　事務所名　　　**菊池行政書士事務所**
　　　　　　　　　　　　　　行政書士　菊池　行政　　　　行（職印）

※　委任契約書のイメージをもってもらうために，
第2条の契約金額：金　**44万円**とし，その内訳は，報酬額　**33万円**（消費税10%
込）と実費11万円（新規申請手数料（新規）**9万円**，通信費，コピー代，交通費
など）とする。
第3条で支払方法を契約金額の半額を2回で支払う形にしている。

※　2通作成し，以下のように割り印をして，顧客（甲），行政書士（乙）各1通ず
つ保管する。

記載例2　委 任 状

委　任　状

令和5年　5月　10日

委任者　　住　所　　東京都千代田区○○町・・・・
　　　　　　　　　　甲野株式会社
　　　　　　会社名　代表取締役　甲野太郎　　　　甲（会）

私は，次の行政書士を代理人と定め，下記の事項を委任する。

　　　　行政書士　**菊池　行政**
　　　　事務所所在地　**東京都○○区・・・**

記
1　建設業許可申請手続（新規）に関する一切の権限

以上

(5)　着手金を請求する

　委任契約書に基づき，請求書を発行して着手金の入金依頼をする。

3-4　業務に着手する

(1)　情報を精査する

　依頼者から提供された情報および書類の内容を精査して，許可要件を満たしているか否かを客観的に確認する。

　この段階で依頼者に確認しなければならない事項や提出してもらう書類が判明することがよくある。その場合，今後の手続きの段取りを再構築する必要が生じる。

(2)　「チェックリスト」に依頼者の回答を反映させる

　依頼者に，面談で即答できなかった質問の回答を，後日返答するように回答期限を告げて指示する。

　依頼者から返答が着き次第，チェックリストに反映（記載）して，申請書類の完成度を高める。

　「事例①」では，人材要件の経営業務の管理能力のある者の立証につき，自社立証期間をふくめ5年分の経営経験を確保するために，「叔父の前職の証明書類（確定申告，請求書，通帳の写し等）の提出（「令和元年・平成31年分」と「令和2年分」）」を社長に指示した。

　これは「チェックリストB」に関するものである。

　空欄箇所を埋めると，次のようになる。

図表22◆チェックリストB（事例①）記入例2

| チェックリストB | （経営経験・実務経験年数について） |

年数	年度	経営業務管理能力ある者				専任の技術者				メモ
		謄本	確申	請求書等	通帳	資格証	請求書等	通帳	常勤性	
1	H31〜R1	○	○	○	○	○				
2	R2	○	○	○	○	○				
3	R3	○	○	○	○	○				
4	R4	○	○	○	○	○				
5	R5	○	○	○	○	○				
6										
7										
8										
9										
10										
11										

資格があるため。
なお，常勤性については P83参照。

他社証明箇所

自社証明箇所

◆自社証明のみで済む場合

☑ 自社の上記期間の請負契約書or注文書と注文請書or請求書等
☑ 請求書等に対応する通帳の原本
☑ 確定申告書（経営5年分，専技10年分）
☐ 実務経験期間の常勤性を確認できる書類→不要

◆他社証明が必要な場合

☐ 該当の他社は，経験者の在籍時に建設業許可業者であったか？
　　はい→役所にて許可番号・許可取得保持期間を確認。
　　いいえ→原則：他社に以下の書類の準備をお願いできるか（協力を得られる
　　　　　　　　　　か）？
　　　　　　☑ 他社から実務経験証明書による証明をしてもらう
　　　　　　☑ 上記期間の他社の請負契約書or注文書と注文請書or請求書等
　　　　　　☑ 請求書等に対応する通帳の原本
　　　　　例外：他社の協力が得られないことに正当性がある場合（他社の解散，
　　　　　　　　破産等）には，経験を積んだ会社の当時の取締役または本人の
　　　　　　　　証明で対応。ただし，役所に事前相談が望ましい。
☐ 実務経験期間の常勤性を確認できる書類→不要

以上より，申請に向けて以下のような方向性が見えてきた。

① 経営業務管理責任者→叔父甲野幸之助（５年の経営経験）

② 専任技術者→従業員乙野三郎（資格者）

③ 取得希望業種→内装工事（１業種）

(3) 書類を収集する

① 必要書類リスト

書類の収集方法は次の２つの方法がある。

イ）行政書士が収集するもの（依頼者から「委任状」をもらう場合を含む）

ロ）依頼者が収集するもの

依頼者に「必要書類リスト」を提示して，役割分担（行政書士または依頼者のいずれが収集するのか）を指示する。

依頼者には，図表23「必要書類リスト」に必要枚数等を記載して手渡す。

なお，各都道府県において必要書類も若干の違いがある。適宜，利用しやすいように修正すること。

図表23◆必要書類リスト

お願い：〇を付けた書類を，ご提示ください。

対象者	書類の種類	準備する者			留意点
		顧客	行政書士	委任状	
1．経営業務管理能力ある者	①社会保険証等	〇			依頼者が所有
	②個人：確定申告書５年分以上	〇			
	③法人：履歴事項証明書，閉鎖登記簿謄本等（５年分以上）		〇		
	④工事の契約書or請求書等（期間分）	〇			依頼者または第三者が所有

	⑤上記請求書に対応する通帳等	○			依頼者または第三者が所有
	⑥職務略歴書	○			依頼者が所有
2．専任技術者	①社会保険証等	○			依頼者が所有
	②該当の資格証	○			
	③学歴証明書	○			資格がない場合
	④工事の契約書or請求書等（期間分）	○			依頼者または第三者が所有
	⑤上記請求書に対応する通帳等	○			依頼者または第三者が所有
	⑥実務経験期間の常勤を確認できる書類（期間分）（P75★1，2参照）	○	×	×	依頼者または第三者が所有
	⑦他に国家資格者等がいれば，②	○			依頼者が所有
3．個人事業主または法人役員	①身分証明書	×	○	○	
	②登記されていないことの証明書	×	○	○	
4．個人事業主または法人	①個人事業税の納税証明書（個人）	×	○	○	
	②法人事業税の納税証明書（法人）	×	○	○	
	③履歴事項証明書（法人）	×	○	×	
	④定款（法人）	○			依頼者が所有
	⑤直近1年間の工事の請求書等	○			依頼者が所有
	⑥確定申告書（直近3期分）	○			依頼者が所有
	⑦健康保険等の加入を証明する書類	○			依頼者が所有
	⑧金融機関発行の残高証明書	○	×	×	純資産額で証明不可の場合発行から1か月間のみ有効
	⑨印鑑証明書（個人）	○			個人事業主が申請主体等の場合
	⑩令3条の使用人に関する書類	○			同条使用人を置く場合

5．営業所	①所有の場合は不動産登記簿謄本	×	○		謄本の所在地と異なる場合
	②賃貸の場合，賃貸借契約書	○			5①・目的，期間，間取りを確認（参照：Column 9，P73の記載例）
	③社会保険加入の書類	○			P34ロ），67★4参照

図表24◆必要書類リスト（事例①における使用例）

お願い：○を付けた書類を，ご提示ください。

対象者	書類の種類	準備する者			留意点
		顧客	行政書士	委任状	
1．経営業務責任者（**叔父様の分**）	①住民票（本籍記載）	×	○	×	
	②社会保険証等	○			依頼者が所有
	③個人：確定申告書5年分以上	○			
	④法人：履歴事項証明書，閉鎖登記簿謄本等（5年分以上）		○		
	⑤工事の契約書ｏｒ請求書等（期間分）	○			依頼者または第三者が所有
	⑥上記請求書に対応する通帳等	○			依頼者または第三者が所有
	⑦職務略歴書	○			依頼者が所有
2．専任技術者	①住民票（本籍記載）	×	○	×	
	②社会保険証等	○			依頼者が所有
	③該当の資格証	○			
	④学歴証明書				資格がない場合
	⑤工事の契約書ｏｒ請求書等（期間分）	○			依頼者または第三者が所有
	⑥上記請求書に対応する通帳等	○			依頼者または第三者が所有
	⑦実務経験期間の常勤を確認できる書類（期間分）（P75★1，2参照）	○	×	×	依頼者または第三者が所有
	⑧他に国家資格者等がいれば，③	○			依頼者が所有

他社分（2年分）と自社分（3年分）の両方が必要

3．個人事業主又は法人役員	①身分証明書	×	○		○	
	②登記されていないことの証明書	×	○		○	
4．個人事業主又は法人	①個人事業税の納税証明書（個人）	×	○		○	
	②法人事業税の納税証明書（法人）	×	○		○	
	③履歴事項証明書（法人）	×	○		×	
	④定款（法人）	○				依頼者が所有
	⑤直近1年間の工事の請求書等	○				依頼者が所有
	⑥確定申告書（直近3期分）	○				依頼者が所有
	⑦健康保険等の加入を証明する書類	○				依頼者が所有
	⑧金融機関発行の残高証明書	○	×		×	純資産額で証明不可の場合　発行から1か月間のみ有効
	⑨印鑑証明書（個人）	○				個人事業主が申請主体等の場合
	⑩令3条の使用人に関する書類	○				同条使用人を置く場合
5．営業所	①所有の場合は不動産登記簿謄本	×	○			謄本の所在地と異なる場合
	②賃貸の場合，賃貸借契約書	○				5①・目的，期間，間取りを確認
	③社会保険加入書類	○				

※　本件では，専任技術者予定者の乙田三郎は，資格者であるため，2⑦のような実務経験期間の常勤性の立証は不要となる。

②　書類の請求先と請求方法

公的書類の請求先と請求方法について解説する。

イ）住民票：

請求先；住民票の住所を管轄する市区町村役場

請求方法；「職務上請求書」を使用する。

職務上請求書の取扱いについて

　行政書士は，「職務上請求書」を業務遂行上必要な場合に限り，戸籍謄
抄本，住民票の写し等を職権で市区町村役場に使用できる。

　行政書士は，行政書士法（12条）で守秘義務が課せられている。

　高い職業倫理感でプライバシーの侵害を決して犯さないように職務上請
求書を取り扱わなければならない。

ロ）身分証明書：

　　請求先：本籍を管轄する市町村役場

　　請求方法：「委任状」（記載例3）（P100）を使用する。なお，申請書につい
　　　　　　　ては，各役所のホームページからダウンロードできる。

ここが実務の
ポイント⓱ 身分証明書とは

　身分証明書は，一般に本人確認等で必要な書類と異なる。

　建設業許可申請で必要な「身分証明書」とは，禁治産または準禁治産者
の宣告の通知・破産の通知・後見登記の通知を受けていないことを証明す
る書類である。

　請求先は「本籍」の役所である。「本籍」に紐づいて発行される証明書
であることから，申請書には，その戸籍の筆頭者を記載する。そのため，
対象となる方に，「自分の戸籍の筆頭者が誰か」を確認しておくことが重
要となる。

ハ) 登記されていないことの証明書：

請求先；東京法務局後見登録課（東京都千代田区九段南1-1-15九段第2合
同庁舎）

請求方法；「委任状」（記載例4）（P 100）を使用する。なお，申請書は，法
務省のホームページからダウンロードできる。

（注）ハ）に代わり，医師の診断書（役員等に必要な判断能力等がある旨を記載
した書類（施行規則8の2）で認められるようになった。ただ，実務上はハ）
の方が取得しやすいことから，従前どおりハ）の取得を目指すこととする。

二) 納税証明書：

請求先；知事許可の場合，納税地を管轄する各都道府県税事務所。ただし，
都道府県により要求する証明内容が異なる。必ず「手引書」で確
認してから請求すること。

請求方法；「委任状」（記載例5）（P 101）も形式の確認を行うこと。

知事許可の場合は，概ね以下のようになる。

申請者	取寄せ先	納税証明書の種類
個人事業主	都税事務所・県税事務所	個人事業税
法人	都税事務所・県税事務所	法人事業税

ここが実務の
ポイント⓮ 「預り証」を発行する

書類を依頼者から預かったら，必ず「預り証」を発行する。

なぜなら，書類の保管者を明確にでき，後日のトラブルを防止できるか
らである。

「記載例6」（P 102）に記載例を挙げるので参考にされたい。

記載例３　「身分証明書」取得の委任状例

★甲野太郎の場合の記載例

```
                        委　任　状

              住　所　東京都○○区・・・
              氏　名　菊池　行政
上記の者に，次の権限を委任いたします。
１．『身分証明書』の申請及び受領。
１．請求通数：１通
１．申請事由：「建設業許可」取得申請のため。
１．提出先：東京都

                                    令和５年５月10日
        住所　甲野太郎の住民票の住所地
        本籍　甲野太郎の本籍地

        氏名　甲野　太郎
```

甲(個)　←　訂正印

甲(個)

記載例４　「登記されていないことの証明書」委任状例

★甲野太郎の場合の記載例

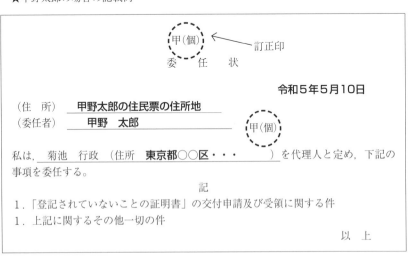

甲(個)　←　訂正印

```
                        委　任　状

                                    令和５年５月10日
   （住　所）　甲野太郎の住民票の住所地
   （委任者）　甲野　太郎

私は，菊池　行政（住所　東京都○○区・・・　）を代理人と定め，下記の
事項を委任する。
                        記
１．「登記されていないことの証明書」の交付申請及び受領に関する件
１．上記に関するその他一切の件
                                            以　上
```

甲(個)

記載例5　「納税証明書」取得の委任状例

単独（登記簿謄本，閉鎖謄本）

※訂正印：記載例3，4，5の委任状には，「訂正印」が押印してある。「捨印」ということもある。書面の中に誤記があるとき，追記が必要なとき，訂正印を利用することにより，その修正が可能となる。訂正印は，委任事項を変更でき，白紙委任を与えたと同様の効果をもたらすといえ，顧客によっては望まない人もいる。訂正印は手続きの利便性を高めるものであることを丁寧に説明し，顧客の理解に努めることが重要となる。

記載例6 「預り証」の記載例

後日，甲野幸之助の前職の会社から「工事の請求書」「通帳」も借用する。
その際も「預り証」を発行すること。

甲野株式会社
　甲野　太郎　　　　様

預　り　証

下記書類をお預りいたしました。

１．貴社の工事に関する請求書（令和２，３，４年分まで）
２．１に対応する通帳（令和２，３，４年分まで）
３．資格証（専任技術者に就任予定の乙田三郎氏のもの）
４．貴社の「確定申告書」（直近３期分）
５．事務所の「賃貸借契約書」
６．
７．

令和５年５月10日

事務所所在地：〒111−1111
　　　　　　　東京都○○区・・・
事務所名：菊池行政書士事務所
　　　行政書士　菊池　行政　　　行（職印）
TEL　△△△−△△△△−△△△△
FAX　△△△−△△△△−△△△

(4)　役所に事前相談する

役所の「手引書」では読み取れない疑問が生じたら疑問点を明確にした上で，役所に事前相談する。ただし，相談する際は，必要以上に担当者の時間を奪わないこと（P43「1－3(2)」参照）。

ここが実務の
ポイント⓳　　**よくある役所への事前確認事項**

具体的に疑問が生じやすい点は次のとおりである。

1．経営業務管理能力を有する者・専任技術者の経験
2．経営業務管理能力を有する者に準じる地位について
3．経営業務管理能力を有する者・専任技術者の常勤性
4．営業所の形態
5．実際に行っている工事が，建設請負工事といえるのか
6．建設工事に該当しそうだが，建設業法が予定する業種のどれに該当するのか

行政書士は，依頼者から工事内容の実態を詳細に確認してから役所の担当者に相談しなければならない。

なお，5と6については，改めて解説する（Column 11，12参照）。

Column 11
実際に行っている工事が，建設請負工事といえるのか

相談者が提出した請求書の項目に「保守」「保全」「調査」「点検」「部品交換」と記載されていることがあります。相談者に話を聞いてみると，毎月の現場の点検作業に過ぎないということがよくあります。この場合建設

業法で予定する「建設工事」（建設2）には当たらず，技術者の実務経験を立証する資料になりません。

　行政書士は，相談者が行っている業務内容，提出された資料が経験の証拠となる資料なのかを，しっかりと聴き取らなければなりません。その上で，請求書の中から，建設工事に該当するものを抽出する必要があります。

　なお，前述の「保守」「保全」「点検」「部品交換」等の建設工事に当たらないものについては，財務諸表で「兼業事業の売上」に計上する必要があります。注意してください。

Column 12
建設業法が予定するどの業種に該当するか

　業種の判断で困難を伴う場合があります。

　たとえば，『機械器具設置工事業』を取得したいという依頼の場合，工事内容を十分に確認する必要があります。『機械器具設置工事』には広くすべての機械器具類の設置に関する工事が含まれますが，機械器具の種類によって重複する『電気工事』，『管工事』，『電気通信工事』，『消防施設工事』等においては原則として『電気工事』等それぞれの専門の工事の方が優先し，いずれにも該当しない機械器具の設置が『機械器具設置工事』に該当するからです。

　役所に相談すると，「これは電気工事であり，機械器具設置工事とは認められない」と指導を受ける場合もよくあります。

　また，「スプリンクラー工事に関する許可を取得したい」旨の相談があった場合，通常は，ビルの消防設備としてのスプリンクラーを思い浮かべます（この工事であれば，業種としては，「消防施設工事」に該当）。しかし，よくよく話を聞いてみると，グランド等への散水用のスプリンクラーのこ

とだったというケースが実際にありました。つまり，水道や地下水を利用して受水槽に溜まった水をグランドにまくというものです。行政書士は，建設業法の業種の区分と比較し該当する業種を十分に考える必要があります。このケースでは，役所の担当者に事前相談をした結果，このスプリンクラー工事は，給排水に関するもので「管工事」に該当することになりました。

　技術もますます発展し，建設業法で予定する業種ではなかなか説明がつきにくい工事も出てくると思います。行政書士は，各業種が予定している趣旨を十分，研究・理解していくことが求められてくるでしょう。

3-5 「申請書類」を作成する

　建設業許可申請手続の書類は多岐にわたる。

　ベテランは，さまざまな作業を同時に行えるが，未経験者や経験が浅い者は，膨大な資料を前にして戸惑ってしまう。

　効率性を意識し過ぎると注意力が行き届かなくなって書類の記載ミスや不備を起こしてしまう。焦らずじっくり取り組むべきである（その方が結果として早く申請できる）。

　筆者が実務で行っている方法を以下，開示する。

(1) これからの流れ

　申請に向けて次の作業を行う。

① 「チェックリストＡ」「チェックリストＢ」「必要書類リスト」を基に
申請書類（建設５，建設規則２）を作成する
② 「添付書類」（建設６，建設規則２，３，４）と「証拠資料」を順番に整
理する

ここが実務の ポイント⑳　全体像を見失わない

申請書を作り込む作業に入ると，細かいことばかり気になり，全体像
（作業の流れなど）を見失いがちになる。

常に，「全体の流れ」を意識しながら作業を進めていくことが重要であ
る。

(2)　各様式の作成例を示す

「事例①」（P77）を例に役所の手引きの順に書類を作成する。ここでは，以
下の①から⑤の東京都の手引きに沿って各様式等の記載例をもとに，説明する。

【様式７号　経営業務の管理責任者証明書】と【様式９号　実務経験証
明書】については，他社をまたがって，記載方法が複雑な点があることか
ら，別途，P145〜146にて後述する。

以下の書類は，本事例では作成不要のため，省略する。
【様式10号　指導監督的実務経験証明書】
【様式11号の２　国家資格者等・監理技術者一覧表】
【様式13号　建設業法施行令第３条に規定する使用人の住所，生年月日
等に関する調書】

【様式11号　建設業法施行令第3条に規定する使用人の一覧表】

【様式18号，19号財務諸表（貸借対照表，損益計算書）←個人が申請する

場合】

賃貸借契約書（なお，参考としてP73参照）

図表25◆申請書類一覧～東京都の場合～

① 「様式第1号　建設業許可申請書」が表紙のもの

正本

副本

1号	建設業許可申請書
	別紙1　役員等の一覧表
	別紙2(1)　営業所一覧表（新規許可等）
	別紙4　専任技術者一覧表
2号	工事経歴書
3号	直前3年の各事業年度における工事施工金額
4号	使用人数
6号	誓約書
11号	建設業法施行令3条に規定する使用人の一覧表
	定款　←法人のみ
15号～17号の3	財務諸表←法人申請の場合
18号，19号	財務諸表←個人申請の場合
20号	営業の沿革
20号の2	所属建設業団体
20号の3	健康保険等の加入状況
20号の4	主要取引金融機関名

② 別とじ用表紙（提出用記入用紙）

正本

副本

		別とじ用表紙（提出用記入用紙）
	7号	常勤役員等証明書
		別紙　常勤役員等証明書の略歴書
	8号	専任技術者証明書
		卒業・資格証明書等
	9号	実務経験証明書
	10号	指導監督的実務経験証明書
		監理技術者資格者証
	12号	許可申請者の住所，生年月日に関する調書
	13号	建設業法施行令3条に規定する使用人の住所，生年月日に関する調書
	14号	株主（出資者）調書
		履歴事項証明書（法人のみ）
		納税証明書

③　確認資料等

確認資料等

役所には一部のみ提出するが，依頼者用にもう一部用意しておく。

確認資料等

印鑑証明書（自己証明をする場合）
金融機関発行の残高証明書（純資産額で証明不可の場合
登記されていないことの証明書
身分証明書
常勤役員等の常勤資料 ・社会保険証等
常勤役員等の経営資料 ・個人の場合：確定申告書5年分以上 ・履歴事項証明書，閉鎖登記簿謄本等（5年分以上） ・許可番号等（許可があったことがわかること） ・許可がない場合， 工事に関する請求書等（期間分）および 上記請求書に対応する通帳等
専任技術者の常勤資料（経営業務管理責任者に準じる）
専任技術者の経験資料 工事に関する請求書等（期間分）および 上記請求書に対応する通帳等
指導監督的実務経験資料（省略）
営業所資料 ・営業所の電話番号確認資料（例：名刺・封筒の写し等） ・営業所の所在地付近の案内図 ・営業所の写真（外観・営業所内） ・登記上の所在地以外の場所に営業所がある場合 　（法人）　住民票上の住所以外の場所に営業所がある場合（個人） 　→賃貸借契約書等使用権限がわかる書類の写し
健康保険等加入資料

④ 電算入力用

正本を一部コピーする。

1号	建設業許可申請書
	別紙2(1) 営業所一覧表（新規許可等）
7号	経営業務の管理責任者証明書
8号	専任技術者証明書
11号の2	国家資格者等・監理技術者一覧表

⑤ 役員等氏名一覧表

記載例7　様式第1号　建設業許可申請書

様式第一号（第二条関係）

（用紙A4）

〔0 0 0 0 1〕

建 設 業 許 可 申 請 書

この申請書により，建設業の許可を申請します。
この申請書及び添付書類の記載事項は，事実に相違ありません。

平成 30 年 6月 ○日

> チェックリストA1(2)～(4)をみれば，以下の様式は記載できる。
> 必要書類リスト3，4より，登記簿上の本店・資本金額，代表取締役を確認する。また，確定申告書の書類や賃貸借契約書等で，事実上の本店・営業所を確認する。
> コード番号をいれるところは，各役所の手引書を参照のこと。

登記上　世田谷区○○町○－○－○
事実上　千代田区○○町○－○－○
甲野株式会社
甲野　太郎

行政庁側記入欄

大臣 コード

許 可 番 号　〔0 1〕

国土交通大臣　許可（般 - ○○ ）第　　　　　号　許可年月日　平成 　 年 　 月 　 日
知事

申 請 の 区 分　〔0 2〕

1. 許 可
2. 許可換え新規
3. 般・特新規

4. 業 種 追 加
5. 更 新
6. 般・特新規+業種追加

7. 般・特新規 + 更新
8. 業種追加 + 更新
9. 般・特新規 + 業種追加 + 更新

許可の有効　（ 1. する ）
期間の調整　（ 2. しない ）

申 請 年 月 日　〔0 3〕　平成 　 年 　 月 　 日

許可を受けよう とする建設業　〔0 4〕　土建大左と石屋電管タ鋼筋はしゅ板ガ塗防内機絶通園井具水消清解
（ 1. 一般　2. 特定 ）

申請時において 既に許可を受けて いる建設業　〔0 5〕

商 号 又 は 名 称 の フ リ ガ ナ　〔0 6〕　コ ウ ノ

商 号 又 は 名 称　〔0 7〕　甲 野 （ 株 ）

代 表 者 又 は 個 人 の 氏 名 の フ リ ガ ナ　〔0 8〕　コ ウ ノ 　 タ ロ ウ

代 表 者 又 は 個 人 の 氏 名　〔0 9〕　甲 野 　 太 郎　支配人の氏名

主たる営業所の 所在地市区町村 コード　〔1 0〕　1 3 1 0 1　都道府県名　東京都　市区町村名　千代田区

主たる営業所の 所 在 地　〔1 1〕　○ ○ 町

郵 便 番 号　〔1 2〕　　　 - 　　　　電 話 番 号

ファックス番号

資本金額又は出資総額　　　　　　　　法人番号

法人又は個人の別　〔1 3〕 1　（ 1.法人　2.個人 ）　　　 3 0 0 0 （千円）　0 0 0 0 0 0 0 0 0 0 0 0 0

兼 業 の 有 無　〔1 4〕 2　（ 1. 有　2. 無 ）　建設業以外に行っている営業の種類

経営業務の管理責 任者の氏名　甲野 幸之助

許 可 換 え の 区 分　〔1 5〕　（ 1. 大臣許可→知事許可　2. 知事許可→大臣許可 ）

大臣 知事 コード

旧 許 可 番 号　〔1 6〕　国土交通大臣　許可（般 ）第　　　　　号　 　 年 　 月 　 日
知事　　　　　　　　特

> 日本行政書士会連合会に登録されている番号を記載する。

> 日本行政書士会連合会に登録の職印を行政書士の押印する。

役員等，営業所及び営業所に置く専任の技術者については別紙による。

連絡先
所属等　代表取締役　　　　　　　氏名 甲野 太郎　　　　　電話番号　○○○
ファックス番号　○○○

行政書士法施行規則
第9条第2項による
行政書士記名押印欄

東京都○○区・・・ 行政書士菊池行政
Tel :　　　FAX :
登録 第○○○○○号

記載例７−２　様式第１号　建設業許可申請書（代理申請の場合）

様式第一号（第二条関係）

（用紙Ａ４）

`0 0 0 0 1`

建 設 業 許 可 申 請 書

> チェックリストＡ１(2)〜(4)をみれば，以下の様式は記載できる。
> 必要書類リスト３，４より，登記簿上の本店・資本金額，代表取締役を確認する。また，確定申告書の書類や賃貸借契約書等で，事実上の本店・営業所を確認する。
> コード番号をいれるところは，各役所の手引書を参照のこと。
> 行政書士が代理人となる場合の記載は右のようになる。申請する際は，「委任状」ともに役所に提出する（申請書には行政書士の職印を押す）。

平成 30年 6月 ○日

登記上　世田谷区○○町○−○−○
事実上　千代田区○○町○-○-○
　　　　甲野株式会社
　　　　代表取締役 甲野 太郎 印

代理人　東京都○○区・・・
　　　　菊池行政書士事務所
　　　　　行政書士 菊池 行政

行
（職）

行政庁側記入欄

		大臣 知事	コード

許 可 番 号　`0 1`　項番　☐☐　国土交通大臣
知事　許可（般
特−☐☐）第 ☐☐☐☐☐☐号　許可年月日 平成 ☐☐年 ☐☐月 ☐☐日

申 請 の 区 分　`0 2`　☐
(1. 新 　 規　4. 業 種 追 加　7. 般・特新規＋更新)
(2. 許可換え新規　5. 更 　 新　8. 業種追加＋更新)
(3. 般・特新規　6. 般・特新規＋業種追加　9. 般・特新規＋業種追加＋更新)

許可の有効期間の調整 ☐ (1. する 2. しない)

申 請 年 月 日　`0 3`　平成 ☐☐年 ☐☐月 ☐☐日

許可を受けよう
とする建設業　`0 4`
土建大左と石屋電管タ鋼筋ほしゅ板ガ塗防内機絶通園井具水消清解
☐ (1. 一般 2. 特定)

申請時において
既に許可を受けて
いる建設業　`0 5`

商 号 又 は 名 称
の フ リ ガ ナ　`0 6`　コ ウ ノ

商 号 又 は 名 称　`0 7`　甲 野 （ 株 ）

代表者又は個人
の氏名のフリガナ　`0 8`　コ ウ ノ 　 タ ロ ウ

代 表 者 又 は
個 人 の 氏 名　`0 9`　甲 野 太 郎　支配人の氏名

主たる営業所の
所在地市区町村
コ ー ド　`1 0`　`1 3 1 0 1`　都道府県名　東京都　市区町村名　千代田区

主たる営業所の
所 在 地　`1 1`　　町 − 　

郵 便 番 号　`1 2`　☐☐☐ − ☐☐☐☐　電 話 番 号 ☐☐☐ − ☐☐☐☐ − ☐☐☐☐

ファックス番号

資本金額又は出資総額 ☐☐☐☐ 3 0 0 0 （千円）　法人番号

法人又は個人の別　`1 3`　`1`　(1.法人 2.個人)　`0 0 0 0 0 0 0 0 0 0 0 0 0`

兼 業 の 有 無　`1 4`　`2`　(1. 有 2. 無)　建設業以外に行っている営業の種類

経営業務の管理責
任者の氏名　甲野 幸之助

許可換えの区分　`1 5`　☐　(1. 大臣許可→知事許可　2. 知事許可→大臣許可　3. 知事許可→他の知事許可)

旧 許 可 番 号　`1 6`　大臣
知事 コード ☐　国土交通大臣
知事　許可（般
特−☐☐）第 ☐☐☐☐☐☐号　旧許可年月日 平成 ☐☐年 ☐☐月 ☐☐日

役員等，営業所及び営業所に置く専任の技術者については別紙による。

連絡先
所属等　代表取締役　　　　氏名　甲野 太郎　　　　電話番号　○○○
ファックス番号　○○○

112

記載例8 様式第1号別紙一 役員等の一覧表

（用紙A4）

役 員 等 の 一 覧 表

令和 5年 6月 ○日

役員等の氏名及び役名等		
氏 名	役 名 等	常勤・非常勤の別
甲野 太郎	代表取締役	常勤
甲野 幸之助	取締役	常勤
（例）		
○○ ○夫	株主等	

> 必要書類リスト4③，3にて確認する。
> ここには，役職の名称を問わず，会社に対し取締役等と同等もしくはこれに準じる支配力を有する者，たとえば「顧問・相談役・100分の5以上を有する株主・100分の5以上に相当する出資をしている者」など「株主等」として記載する。
> 詳しい点については，役所の手引等で確認すること。
> 仮に，本事例で，株主が「甲野太郎」以外にいた場合には，記載例は以下のようになる。

1 法人の役員，顧問，相談役又は総株主の議決権の100分の5以上を有する株主若しくは出資の総額の100分の5以上に相当する出資をしている者（個人であるものに限る。以下「株主等」という。）について記載すること。

2 「株主等」については，「役名等」の欄には「株主等」と記載することとし，「常勤・非常勤の別」の欄に記載することを要しない。

別紙二（1）　　　　　　　　　　　　　　　　　　　　　　　　　　　　　　　（用紙Ａ4）

営業所一覧表（新規許可等）

行政庁側記入欄

区　　　分　項番 [8][1] 3 [1]

許　可　番　号　項番 [8][2] [ ] 大臣 知事 コード [ ][ ] 国土交通大臣 知事 許可（一般 特[ ][ ]）第[ ][ ][ ][ ][ ]号 5　　　　　　10 許可年月日 平成[ ][ ]年[ ][ ]月[ ][ ]日 11　13　15

（主たる営業所）

> チェックリストＡ1，必要書類リスト
> 5から確認。手引書で記載を確認する。

主たる営業所の名　　　称　フリガナ　ホンシャ　本社

営 業 し よ う と す る 建 設 業 [8][3] 土建大左とび石屋電管タ鋼筋ほしゅ板ガ塗防内機絶通園井具水消清解 [ ][1][ ][ ][ ][ ][ ][ ][ ] 3　　5　　　　　10　　　　　15　　　　　20　　　　　25　　　　　30　（ 1．一般 2．特定 ）

変更前 [ ]

（従たる営業所）

従たる営業所の名　　　称 [8][4] フリガナ [ ] 3　　5　　　　10　　　　15　　　　20 [ ][ ][ ][ ][ ][ ][ ][ ][ ][ ][ ][ ][ ][ ][ ][ ][ ][ ] 23　　　　30　　　　35　　　　40

内容

従たる営業所の所在地市区町村コ ー ド [8][5] [ ][ ][ ][ ][ ] 3　　5 都道府県名　　　　　　　　　市区町村名

従たる営業所の所 在 地 [8][6] [ ][ ][ ][ ][ ][ ][ ][ ][ ][ ][ ][ ][ ][ ][ ][ ][ ][ ] 3　5　　　　　10　　　　15　　　　20 [ ][ ][ ][ ][ ][ ][ ][ ][ ][ ][ ][ ][ ][ ][ ][ ][ ][ ] 23　　　30　　　　35　　　　40

郵 便 番 号 [8][7] [ ][ ][ ]－[ ][ ][ ][ ] 電 話 番 号 [ ][ ][ ][ ][ ][ ][ ][ ][ ][ ][ ][ ] 10　　　　15　　　　20

営 業 し よ う と す る 建 設 業 [8][8] 土建大左とび石屋電管タ鋼筋ほしゅ板ガ塗防内機絶通園井具水消清解 [ ] 3　　5　　　　　10　　　　15　　　　20　　　　25　　　　30　（ 1．一般 2．特定 ）

変更前 [ ]

（従たる営業所）

従たる営業所の名　　　称 [8][4] フリガナ [ ] 3　　5　　　　10　　　　15　　　　20 [ ][ ][ ][ ][ ][ ][ ][ ][ ][ ][ ][ ][ ][ ][ ][ ][ ][ ] 23　　　　30　　　　35　　　　40

内容

従たる営業所の所在地市区町村コ ー ド [8][5] [ ][ ][ ][ ][ ] 3　　5 都道府県名　　　　　　　　　市区町村名

従たる営業所の所 在 地 [8][6] [ ][ ][ ][ ][ ][ ][ ][ ][ ][ ][ ][ ][ ][ ][ ][ ][ ][ ] 3　5　　　　　10　　　　15　　　　20 [ ][ ][ ][ ][ ][ ][ ][ ][ ][ ][ ][ ][ ][ ][ ][ ][ ][ ] 23　　　30　　　　35　　　　40

郵 便 番 号 [8][7] [ ][ ][ ]－[ ][ ][ ][ ] 電 話 番 号 [ ][ ][ ][ ][ ][ ][ ][ ][ ][ ][ ][ ] 10　　　　15　　　　20

営 業 し よ う と す る 建 設 業 [8][8] 土建大左とび石屋電管タ鋼筋ほしゅ板ガ塗防内機絶通園井具水消清解 [ ] 3　　5　　　　　10　　　　15　　　　20　　　　25　　　　30　（ 1．一般 2．特定 ）

変更前 [ ]

記載例10　様式第1号別紙四　専任技術者一覧表

専任技術者一覧表

令和　5年　2月　○日

営 業 所 の 名 称	専 任 の 技 術 者 の 氏 名	建 設 工 事 の 種 類	有 資 格 区 分
本店	オツダ　サブロウ 乙田　　三郎	内－7	23

必要書類リスト2にて確認し,
記載する。工事の種類は手引書
にて確認すること。「有資格区分」
は,後述 P218～ 223「技術
者の資格表」を参照に記載する
こと。

（用紙A4）

記載例

※ 注意

工 事 経 歴 書

工事（税込・税抜）　　　　工事（税込・税抜）

（建設工事の種類）　内装仕上工事

注文者	元請又は下請の別	JVの別	工事名	工事現場のある都道府県及び市区町村名	配置技術者 氏名	主任技術者又は監理技術者の別（該当箇所にレ印を記載） 主任技術者 / 監理技術者	請負代金の額 うち（PC・法面処理・鋼橋上部）	工期 着工年月	完成又は完成予定年月
○○建設（株）	下請		○マンション内インテリア等内装工事	東京都千代田区	乙田 三郎	レ	3,780千円	令和4年6月	令和4年8月
○○建設（株）	下請		○ビル天井仕上等内装工事	東京都港区	乙田 三郎	レ	2,700千円	令和3年10月	令和3年11月
（株）▼▼総合	下請		○ビル内装仕上工事（インテリアフ工事）	東京都中央区	乙田 三郎	レ	1,296千円	令和4年3月	令和4年3月
○○建設（株）	下請		○ビル壁張り等内装工事	東京都港区	乙田 三郎	レ	1,188千円	令和4年2月	令和4年2月
（株）□□建築	下請		中央○○マンション内装仕上工事	東京都中央区	乙田 三郎	レ	1,080千円	令和3年10月	令和3年12月
○○建設（株）	下請		▽ビル内装仕上工事	東京都港区	乙田 三郎	レ	1,080千円	令和4年2月	令和4年2月
（株）□□建築	下請		千代田●○ビル内装工事	東京都千代田区	乙田 三郎	レ	1,058千円	令和4年5月	令和4年5月
（株）□□建築	下請		○マンションインテリア等内装工事	東京都港区	乙田 三郎	レ	972千円	令和4年1月	令和4年1月
（株）□□建築	下請		■■■ビル内装仕上工事	東京都千代田区	乙田 三郎	レ	907千円	令和4年7月	令和4年7月
○○建設（株）	下請		●○マンション内装仕上工事	東京都港区	乙田 三郎	レ	864千円	令和4年4月	令和4年4月
小　計					10件		14,925千円 うち元請工事 0千円		
合　計					15件		18,507千円 うち元請工事 0千円		

完成工事の記載に関しては、元請・下請の別に主たる工事についてを請負代金の額の大きい順に記載する。未成工事はその次に記載する。

令和3年10月1日～令和4年9月30日の確定申告書内の損益計算書の売上高に該当する額を書く（兼業がある場合は手引書などで確認すること）。また、上記期間内の工事件数を書く。

ここに記載した工事の合計額を記載する。

116

| 様式2　工事経歴者の記載について |

必要書類リスト4⑤をみて，作成する。

ここでは，直近1年の工事経歴書を作成することになるが，直近の決算期に合わせる点が重要である。

事例①の甲野株式会社の決算期は9月末で，この期の決算書の作成も確定申告書の申告も済んでいる。

したがって，ここに記載する直近1年とは，「令和3年10月1日から令和4年9月30日まで」をいい，この期間の工事の実績を記載することになる。

会社よりこの期間（前期分）の請負契約書，請求書を提出してもらい，その内容に従い，「注文者」「工事名」「請負代金の額」「工期」等を記載する。

（注意）前頁の「記載例」※について（「配置技術者」欄の記載）

「配置技術者」欄の記載は，新規申請の際には，本来，不要である。

なぜなら，建設業法26条より，建設業者は，技術者の配置が義務付けられているが，建設業法にいう建設業者とは，許可業者のことをいい（建設3），新規申請の段階では無許可業者であるからである。

もっとも，役所によって，事実上の処理として，「実際に現場で施工に係わった人や技術者の人の名前を書いておいてください」と指示されることが多い。

この場合には，役所の指示に従い，「配置技術者」欄を記載しておくこととなる。

なお，新規申請以後の決算変更届において添付する「工事経歴者」の「配置技術者」欄には，建設業法上，記載する必要性が生じるが，請負金額との関係で，技術者に専任性が要求される場合があるので注意する点が多い。また，経営事項審査を行う業者であれば，さらに注意深く作成する必要がある。

そこで，個々の記載については，国土交通省のホームページの中にある「（参考）工事経歴書（様式2号）の書き方」を資料として挙げる。

　個々の説明についてそちらに譲る。

記載例12　様式第3号　直前3年の各事業年度における工事施工金額

（用紙A4）

直前3年の各事業年度における工事施工金額

（税込・税抜／単位：千円）

事業年度	注文者の区分		許可に係る建設工事の施工金額				その他の建設工事の施工金額	合計
			内装仕上工事	工事	工事	工事		
第1期 令和元年12月28日から 令和2年9月30日まで	元請	公共	0					0
		民間	0					0
	下請		12,810					12,810
	計		12,810					12,810
第2期 令和2年10月1日から 令和3年9月30日まで	元請	公共	0					0
		民間	0					0
	下請		14,202					14,202
	計		14,202					14,202
第3期 令和3年10月1日から 令和4年9月30日まで	元請	公共	0					0
		民間	0					0
	下請		18,507					18,507
	計		18,507					18,507
第　期 平成　年　月　日から 平成　年　月　日まで	元請	公共						
		民間						
	下請							
	計							
第　期 平成　年　月　日から 平成　年　月　日まで	元請	公共						
		民間						
	下請							
	計							
第　期 平成　年　月　日から 平成　年　月　日まで	元請	公共						
		民間						
	下請							
	計							

チェックリストA1，必要書類リスト4⑥にさらに以下の点の聴き取りをして，作成する。

各年度につき，
☐貴社が元請けになる工事はあったか？
☐元請けになった工事は民間か？　を確認する。
（本事例ではともに「なし」の場合）

第3期の「計」の額は，令和3年10月1日～令和4年9月30日の確定申告書内の損益計算書の売上高に該当する額と同じ。様式2工事経歴書の請負代金の「合計」とも同じとなる。

第2期，第1期についても，第3期の場合と同様，それぞれの確定申告書内の損益計算書の売上高に該当する額を記載する（上記の表にはイメージがわくように数字を記載している）。

詳しくは手引書にて確認すること。

記載要領
1　この表には，申請又は届出をする日の直前3年の各事業年度に完成した建設工事の請負代金の額を記載すること。
2　「税込・税抜」については，該当するものに丸を付すこと。
3　「許可に係る建設工事の施工金額」の欄は，許可に係る建設工事の種類ごとに区分して記載し，「その他の建設工事の施工金額」の欄は，許可を受けていない建設工事について記載すること。
4　記載すべき金額は，千円単位をもって表示すること。
　　ただし，会社法（平成17年法律第86号）第2条第6号に規定する大会社にあっては，百万円単位をもって表示することができる。この場合，「（単位：千円）」とあるのは「（単位：百万円）」として記載すること。
5　「公共」の欄は，国，地方公共団体，法人税法（昭和40年法律第34号）別表第一に掲げる公共法人（地方公共団体を除く。）及び第18条に規定する法人が注文者である施設又は工作物に関する建設工事の合計額を記載すること。
6　「許可に係る建設工事の施工金額」に記載する建設工事の種類が5業種以上にわたるため，用紙が2枚以上になる場合は，「その他の建設工事の施工金額」及び「合計」の欄は，最終ページにのみ記載すること。
7　当該工事に係る実績が無い場合においては，欄に「0」と記載すること。

記載例13　様式第4号　使用人数

（用紙Ａ４）

令和5年6月○日

使　用　人　数

営 業 所 の 名 称	技 術 関 係 使 用 人		事務関係使用人	合　　　計
	建設業法第7条第2号イ，ロ若しくはハ又は同法第15条第2号イ若しくはハに該当する者	その他の技術関係使用人		
本店	1人	3人	1人	5人
	チェックリストＡ１（8）および２より， 従業員は，代表取締役を含め5人。 □内1人が，事務職なので，「事務関係使用人」の欄に「1人」と記載。 □専任技術者となれる人は，乙野三郎のみだったので，「建設業法第7条第2号イ，ロ若しくはハまたは同法第15条第2号イ若しくはハに該当する者」の欄には1人と記載。 □後の3人は，建設業法，建設工事に関わっているものの，建設業法で規定している資格や実務経験を備えていないので，「その他の技術関係使用人」の欄に記載している。			
合　　　計	1人	3人	1人	5人

記載要領
1　この表には，法第5条の規定（法第17条において準用する場合を含む。）に基づく許可の申請の場合は，当該申請をする日，法第11条第3項（法第17条において準用する場合を含む。）の規定に基づく届出の場合は，当該事業年度の終了の日において建設業に従事している使用人数を，営業所ごとに記載すること。
2　「使用人」は，役員，職員を問わず雇用期間を特に限定することなく雇用された者（申請者が法人の場合は常勤の役員を，個人の場合はその事業主を含む。）をいう。
3　「その他の技術関係使用人」の欄は，法第7条第2号イ，ロ若しくはハ又は法第15条第2号イ若しくはハに該当する者ではないが，技術関係の業務に従事している者の数を記載すること。

記載例14　様式第6号　誓　約　書

様式第六号（第二条，第十三条の二，第十三条の三関係）

（用紙Ａ４）

誓　　　約　　　書

使用人並びに法定代理人及び法定代理人の役員等は，建設業法第8条各号（同法第17条において準用される場合を含む。）に規定されている欠格要件に該当しないことを誓約します。

令和　5年　6月　　日

申　請　者

~~譲　　受　　人~~　東京都千代田区〇〇町〇-〇-〇

~~合併存続法人~~　甲野株式会社

~~分割承継法人~~　代表取締役　甲野　太郎

~~地方整備局長~~
~~北海道開発局長~~
　　　東京都知事　　　殿

記載要領

{申　請　者／譲　受　人／合併存続法人／分割承継法人} ，「 申　請　者／譲　受　人／合併存続法人／分割承継法人 」　「 地方整備局長／北海道開発局長／知事 」　については不要なものを消すこと

定　　款

甲野株式会社

（ポイント）

　定款とは，法人の目的・組織・活動・構成員・業務執行などについての基本規則等を定めたものである。会社を設立する際には，必ず作成し，これに基づいて，会社の運営がなされることになる。

　「甲野株式会社」は，株主が甲野太郎，役員たる取締役が，甲野太郎と甲野幸之助の2人という小規模会社（非公開，取締役会・監査役非設置会社）であるので，シンプルな定款となっている。

　定款のひな形としては，日本公証人連合会のホームページに会社の規模に応じて挙げてあるので，参照のこと。

　今回の定款も，日本公証人連合会のホームページのひな形「定款記載例中小会社2」をもとに作成している。

定款

第1章　総則

（商号）

第1条　当会社は，甲野株式会社と称する。

（目的）

第2条　当会社は，次の事業を行うことを目的と
する。

(1)　内装工事の施工

(2)　建築・土木工事の施工

(3)　前各号に附帯又は関連する一切の事業

（本店所在地）

第3条　当会社は，本店を東京都世田谷区に置く。

（公告方法）

第4条

当会社の公告は，官報に掲載する方法により行う。

> 目的欄に，建設業に関する項目を記載している。新規申請の時には，この目的欄を確認のこと。
> 記載がないと，目的変更した後でないと，新規申請を受け付けない役所がある。もっとも，念書の提出で申請時に対応してくれる役所もある。役所手引書で要確認のこと。

> 甲野株式会社は，事実上の事務所は，「東京都千代田区」であるが，定款上（それを受けて登記簿上）の本店は「世田谷区」であることを確認する。

第2章　株式

（発行可能株式総数）

第5条　当会社の発行可能株式総数は，1,000株とする。

（株券の不発行）

第6条　当会社の発行する株式については，株券を発行しない。

（株式の譲渡制限）

第7条　当会社の発行する株式の譲渡による取得については，取締役の承認を
受けなければならない。ただし，当会社の株主に譲渡する場合は，承認をし
たものとみなす。

（相続人等に対する売渡請求）

第8条　当会社は，相続，合併その他の一般承継により当会社の譲渡制限の付
された株式を取得した者に対し，当該株式を当会社に売り渡すことを請求す

ることができる。

（株主名簿記載事項の記載の請求）

第9条　当会社の株式の取得者が株主の氏名等株主名簿記載事項を株主名簿に
　　記載又は記録することを請求するには，当会社所定の書式による請求書にそ
　　の取得した株式の株主として株主名簿に記載若しくは記録された者又はその
　　相続人その他の一般承継人と株式の取得者が署名又は記名押印し，共同して
　　しなければならない。ただし，法務省令で定める場合は，株式取得者が単独
　　で上記請求をすることができる。

（質権の登録及び信託財産表示請求）

第10条　当会社の発行する株式につき質権の登録，変更若しくは抹消，又は信
　　託財産の表示若しくは抹消を請求するには，当会社所定の書式による請求書
　　に当事者が署名又は記名押印してしなければならない。

（手数料）

第11条　前2条の請求をする場合には，当会社所定の手数料を支払わなければ
　　ならない。

（基準日）

第12条　当会社は，毎年3月末日の最終の株主名簿に記載又は記録された議決
　　権を有する株主をもって，その事業年度に関する定時株主総会において権利
　　を行使することができる株主とする。

2　第1項のほか，必要があるときは，あらかじめ公告して，一定の日の最終
　　の株主名簿に記載又は記録されている株主又は登録株式質権者をもって，そ
　　の権利を行使することができる株主又は登録株式質権者とすることができる。

（株主の住所等の届出）

第13条　当会社の株主及び登録株式質権者又はそれらの法定代理人は，当会社
　　所定の書式により，住所，氏名及び印鑑を当会社に届け出なければならない。

2　前項の届出事項を変更したときも同様とする。

第3章　株主総会

（招集時期）

第14条　当会社の定時株主総会は，毎事業年度の終了後3か月以内に招集し，臨時株主総会は，必要がある場合に招集する。

（招集権者）

第15条　株主総会は，法令に別段の定めがある場合を除き，取締役社長が招集する。

（招集通知）

第16条　株主総会の招集通知は，当該株主総会で議決権を行使することができる株主に対し，会日の5日前までに発する。ただし，書面投票又は電子投票を認める場合は，会日の2週間前までに発するものとする。

（株主総会の議長）

第17条　株主総会の議長は，取締役社長がこれに当たる。

2　取締役社長に事故があるときは，当該株主総会で議長を選出する。

（株主総会の決議）

第18条　株主総会の決議は，法令又は定款に別段の定めがある場合を除き，出席した議決権を行使することができる株主の議決権の過半数をもって行う。

（決議の省略）

第19条　取締役又は株主が株主総会の目的である事項について提案をした場合において，当該提案について議決権を行使することができる株主の全員が提案内容に書面又は電磁的記録によって同意の意思表示をしたときは，当該提案を可決する旨の株主総会の決議があったものとみなす。

（議事録）

第20条　株主総会の議事については，開催日時，場所，出席した役員並びに議事の経過の要領及びその結果その他法務省令で定める事項を記載又は記録した議事録を作成し，議長及び出席した取締役がこれに署名若しくは記名押印又は電子署名をし，株主総会の日から10年間本店に備え置く。

第4章　取締役及び代表取締役

（取締役の員数）

第21条　当会社の取締役は，1名以上5名以下とする。

（取締役の資格）

第22条　取締役は，当会社の株主の中から選任する。ただし，必要があるとき
　　　は，株主以外の者から選任することを妨げない。

（取締役の選任）

第23条　取締役は，株主総会において，議決権を行使することができる株主の
　　　議決権の3分の1以上を有する株主が出席し，その議決権の過半数の決議に
　　　よって選任する。

2　取締役の選任については，累積投票によらない。

（取締役の任期）

第24条　取締役の任期は，選任後5年以内に終了する事業年度のうち最終のも
　　　のに関する定時株主総会の終結時までとする。

2　任期満了前に退任した取締役の補欠として，又は増員により選任された取
　　　締役の任期は，前任者又は他の在任取締役の任期の残存期間と同一とする。

（代表取締役及び社長）

第25条　当会社に取締役を複数置く場合には，代表取締役1名を置き，取締役
　　　の互選により定める。

2　代表取締役は，社長とし，当会社を代表する。

3　当会社の業務は，専ら取締役社長が執行する。

（取締役の報酬及び退職慰労金）

第26条　取締役の報酬及び退職慰労金は，株主総会の決議によって定める。

第5章　計算

（事業年度）

第27条　当会社の事業年度は，毎年10月1日から翌年9月30日までの年1期と
　　　する。

（剰余金の配当）

第28条　剰余金の配当は，毎事業年度末日現在の最終の株主名簿に記載又は記録された株主又は登録株式質権者に対して行う。

（配当の除斥期間）

第29条　剰余金の配当が，その支払の提供の日から３年を経過しても受領されないときは，当会社は，その支払義務を免れるものとする。

以上，当会社の定款原本と相違ないことを証します。

　　　令和５年６月10日
　　　東京都千代田区○○町・・・・
　　　　　甲野株式会社
　　　　　代表取締役　　甲野　太郎

記載例16　様式第15号から17号の3　財務諸表（表紙のみ）

表紙のみ。法人が申請する場合に使用する。
もっとも，
【様式15号，16号，17号，17号の2，17号の3財務諸
表（貸借対照表，損益計算書，完成工事原価報告書，株主
資本等変動計算書，注記表，附属明細表）】に関する個別
の記載例は省略する。

財　務　諸　表

（法　人　用）

様式十五号　　貸　　借　　対　　照　　表
様式十六号　　損　　益　　計　　算　　書
　　　　　　　完　成　工　事　原　価　報　告　書
様式十七号　　株　主　資　本　等　変　動　計　算　書
様式十七号の二　注　　　　　記　　　　　表
（様式十七号の三　附　　属　　明　　細　　表）

事　業　年　度　　┌ 自　令和　3年　10月　1日 ┐
　　　　　　　　　└ 至　令和　4年　9月　30日 ┘

財務諸表（様式15号から19号まで）について

　建設業者の経営をより鮮明にするために「税務申告等で提出した決算報告書」を「建設業法で定める様式」に変換する。

税務署に提出する確定申告書（決算報告書）

　　　　　　　　↓　　建設業法の建設業会計に変換する

財務諸表（「貸借対照表」「損益計算書」「完成工事原価報告書」「株主資本
　　　等変動計算書」「注記表」「附属明細表」）

　　法人申請→　　　様式15号，16号，17号，17号の2，17号の3

　　個人申請→　　　様式18号，19号

　通常，「税務署に提出する決算報告書」にある損益計算書の「販売及び一般管理費」には建設業以外のもの（事務系のもの）も含まれている。

　これでは，建設業としての売上総利益（売上高−売上原価）は正確に把握できない。

　そこで，「販売及び一般管理費」の中から，建設業に関するもの（たとえば，建設現場で働く従業員の給与等）を売上原価に移動して加算するのである。

　「販売及び一般管理費」から売上原価への移管なので，（売上総利益から販売及び一般管理費を引いた）営業利益自体には何ら影響を及ぼさない。建設業に係る原価・経費を正確に把握できる。

　なお，財務諸表の作成については後述する書籍（P214）で知識を深めてほしい。

記載例17　様式第20号　営業の沿革 (用紙A4)

営　業　の　沿　革

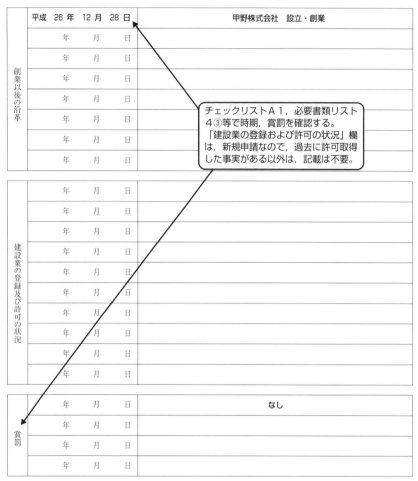

創業以後の沿革	平成 26 年 12 月 28 日	甲野株式会社　設立・創業
	年　　月　　日	
	年　　月　　日	
	年　　月　　日	
	年　　月　　日	チェックリストA1，必要書類リスト4③等で時期，賞罰を確認する。「建設業の登録および許可の状況」欄は，新規申請なので，過去に許可取得した事実がある以外は，記載は不要。
	年　　月　　日	
	年　　月　　日	

建設業の登録及び許可の状況	年　　月　　日	
	年　　月　　日	
	年　　月　　日	
	年　　月　　日	
	年　　月　　日	
	年　　月　　日	
	年　　月　　日	
	年　　月　　日	
	年　　月　　日	
	年　　月　　日	

賞罰	年　　月　　日	なし
	年　　月　　日	
	年　　月　　日	
	年　　月　　日	

記載要領

　1　「創業以後の沿革」の欄は，創業，商号又は名称の変更，組織の変更，合併又は分割，資本金額の変更，営業の休止，営業の再開等を記載すること。

　2　「建設業の登録及び許可の状況」の欄は，建設業の最初の登録及び許可等（更新を除く。）について記載すること。

　3　「賞罰」の欄は，行政処分等についても記載すること。

130

記載例18　様式第20号の2　所属建設業者団体　　(用紙A4)

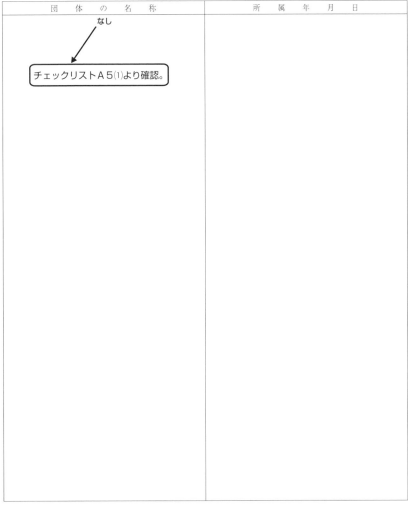

所　属　建　設　業　者　団　体

団　体　の　名　称	所　属　年　月　日
なし チェックリストA5⑴より確認。	

記載要領

　「団体の名称」の欄は，法第27条の37に規定する建設業者の団体の名称を記載すること。

健 康 保 険 等 の 加 入 状 況

(1)　健康保険等の加入状況は下記のとおりです。
(2)　下記のとおり、健康保険等の加入状況に変更があつたので、届出をします。

令和　5 年　6 月　○日

地方整備局長
北海道開発局長
　　　知事　殿

申請者
届出者

登記上　東京都世田谷区○○町○-○-○
事実上　東京都千代田区○○町○-○-○
甲野株式会社　代表取締役　甲野　太郎

許可年月日

許 可 番 号　国土交通大臣　許可 (般 - ___) 第 _____ 号　平成 ___ 年 ___ 月 ___ 日
　　　　　　　　知事　　　　　（特）

（営業所毎の保険加入の有無）

営業所の名称	従業員数	保険加入の有無			事業所整理記号等	
		健康保険	厚生年金保険	雇用保険		
本社	5 人 (2 人)	1	1	1	健康保険 厚生年金保険 雇用保険	○○○・・・ ○○○・・・ ○○○・・・
	人 (人)				健康保険 厚生年金保険 雇用保険	
	人 (人)				健康保険 厚生年金保険 雇用保険	
	人 (人)				健康保険 厚生年金保険 雇用保険	
	人 (人)				健康保険 厚生年金保険 雇用保険	
合計	5 人 (2 人)					

必要書類リスト4⑦で確認する。上記の保険に加入している場合には，「1」と記載し，「事業所整理記号等」欄に，登録番号を記載する。

記載例20 様式第20号の3 主要取引金融機関名 （用紙A４）

主 要 取 引 金 融 機 関 名

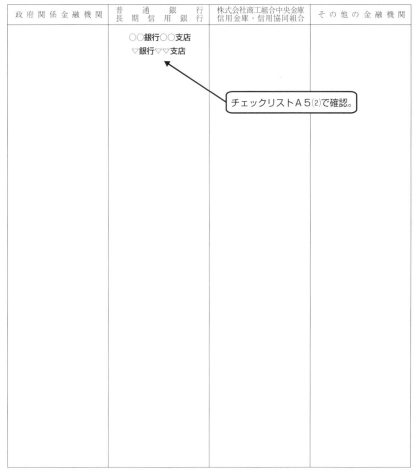

政 府 関 係 金 融 機 関	普 通 銀 行 長 期 信 用 銀 行	株式会社商工組合中央金庫 信用金庫・信用協同組合	そ の 他 の 金 融 機 関
	○○銀行○○支店 ▽銀行▽▽支店		

チェックリストＡ５⑵で確認。

記載要領
　1　「政府関係金融機関」の欄は，独立行政法人住宅金融支援機構，株式会社日本政策金融公庫，株式会社日本政
　　策投資銀行等について記載すること。
　2　各金融機関とも，本所，本店，支店，営業所，出張所等の区別まで記載すること。
　　（例　○○銀行○○支店）

記載例21　様式第7号　別紙　経営業務の管理責任者の略歴書

別紙　　　　　　　　　　　　　　　　　　　　　　　　　　　　　　　　　　　　　（用紙A4）

現　　住　　所		甲野　幸之助の住所		
氏　　　　　名		甲野　幸之助	生　年　月　日	昭和31年　○月　○日生
職　　　　　名		取締役		

	期　　　　間		従　事　し　た　職　務　内　容
職	自　S 54年　4月　1日 至　H10年　3月　31日		○○○建設工業株式会社　土木建築工事部　勤務
	自　H10年　4月　1日 至　H24年　11月　30日		丙田内装株式会社　入社
	自　H24年　12月　1日 至　H26年　12月　31日		丙田内装株式会社　取締役
	自　H27年　1月　1日 至　　年　　月　　日		甲野株式会社　取締役　現在に至る
	自　　年　　月　　日 至　　年　　月　　日		
	自　　年　　月　　日 至　　年　　月　　日		
	自　　年　　月　　日 至　　年　　月　　日		
	自　　年　　月　　日 至　　年　　月　　日		
	自　　年　　月　　日 至　　年　　月　　日		
	自　　年　　月　　日 至　　年　　月　　日		
歴	自　　年　　月　　日 至　　年　　月　　日		
	自　　年　　月　　日 至　　年　　月　　日		

	年　　月　　日	賞　　罰　　の　　内　　容
賞		なし
罰		

上記のとおり相違ありません。

　　　　　令和　　5　年　6　月　○　日　　　　　　　　　氏　名　　甲野　幸之助

記載要領
※　「賞罰」の欄は、行政処分等についても記載すること。

134

記載例22　様式第8号　専任技術者証明書（新規・変更）

一般建設業の場合は，下段を消す。
特定建設業の場合は，上段を消す。
一般・特定の場合は，ともに残す 任技術者証明書（新規・変更）

（用紙A4）

（1）　下記のとおり，〔建設業法第7条第2号 / 建設業法第15条第2号〕に規定する専任の技術者を営業所に置いていることに相違ありません。
（2）　下記のとおり，専任の技術者の交替に伴う削除の届出をします。

令和5年6月○日

地方整備局長
北海道開発局長
知事　殿

申請者
届出者

登記上　東京都世田谷区○○町○−○−○
事実上　東京都千代田区○○町○−○−○
甲野株式会社　代表取締役　甲野　太郎

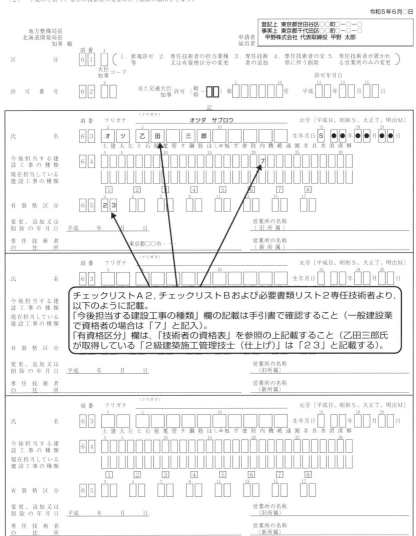

135

記載例23　様式第12号　許可申請者の住所，生年月日等に関する調書

該当しない
ものを消す
こと。

許可申請者 （法 人 の 役 員 等／~~本　　　　　　人~~／~~法 定 代 理 人~~／~~法定代理人の役員等~~） の住所，生年月日等に関する調書

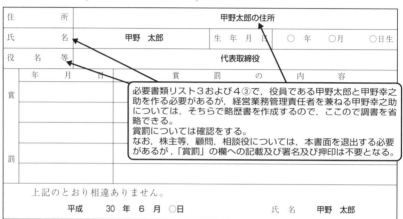

住　　　　所	甲野太郎の住所				
氏　　　　名	甲野　太郎	生 年 月 日	○　年	○月	○日生
役　名　等	代表取締役				

賞罰	年　　月　　日	賞　罰　の　内　容
賞		必要書類リスト３および４③で，役員である甲野太郎と甲野幸之助を作る必要があるが，経営業務管理責任者を兼ねる甲野幸之助については，そちらで略歴書を作成するので，ここので調書を省略できる。 賞罰については確認をする。 なお，株主等，顧問，相談役については，本書面を退出する必要があるが，「賞罰」の欄への記載及び署名及び押印は不要となる。
罰		

上記のとおり相違ありません。

　　　　平成　　30 年 6 月 ○日　　　　　　　　氏　名　　甲野　太郎

記載要領

1 「（法 人 の 役 員 等／本　　　　　　人／法 定 代 理 人／法定代理人の役員等）」については，不要のものを消すこと。

2 　法人である場合においては，法人の役員，顧問，相談役又は総株主の議決権の100分の５以上を有する株主若しくは出資の総額の100分の５以上に相当する出資をしている者（個人であるものに限る。以下「株主等」という。）について記載すること。

3 　株主等については，「役名等」の欄には「株主等」と記載することとし，「賞罰」の欄への記載並びに署名及び押印を要しない。

4 　顧問及び相談役については，「賞罰」の欄への記載及び署名及び押印を要しない。

5 　「賞罰」の欄は，行政処分等についても記載すること。

6 　様式第７号別紙に記載のある者については，本様式の作成を要しない。

※　株主等の記載も忘れないこと

記載例24　様式第14号　株主（出資者）調書

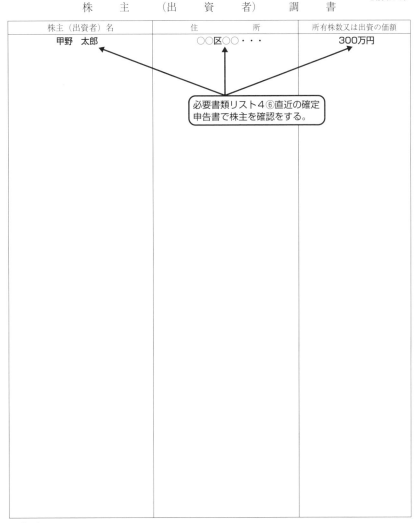

株　主　（出　資　者）　調　書

（用紙A4）

株主（出資者）名	住　　　所	所有株数又は出資の価額
甲野　太郎	○○区○○・・・	300万円

必要書類リスト4⑥直近の確定
申告書で株主を確認をする。

記載要領
　この調書は，総株主の議決権の100分の5以上を有する株主又は出資の総額の100分の5以上に相当する出資をし
ている者について記載すること。

(3) 「他社証明」がある場合の注意点

　他社にまたがる他社証明の場合，様式7号「常勤役員等（経営業務の管理責任者等）証明書」と専任技術者第9号「実務経験証明書」の記載は複雑であるため，順次触れていく。

①　様式第7号の「常勤役員等（経営業務の管理責任者）証明書」の場合

　「常勤役員等・専任技術者の経験」を他社（個人・法人）に証明してもらう場合，具体的には，上記様式第7号および様式第9号の書類にその事実を反映する必要がある。

　以下，項目を別に説明する。

　「事例①」（P77）では，「経営業務の管理責任者証明書」には，甲野幸之助の前職の「丙田内装株式会社」から，次のイ）を証明する書類を提出してもらわなければならない。

　イ）前会社の取締役就任期間2年分の他社証明期間（平成29年12月から令和元年12月末日まで）の証明

　　　叔父の平成29年12月から令和元年12月末日までの期間の経験実績を前職の丙田内装株式会社に証明してもらう必要がある。

　ロ）現在の会社の取締役就任期間3年分の自社証明期間（令和2年1月から令和5年1月）の証明は現在の会社（甲野株式会社）の証明で足りる。

　　　記載例は，以下のようになる。

記載例25　様式第7号　常勤役員等（経営業務の管理責任者等）証明書（（イ）他社証明期間）

イ）他社証明期間
平成29年12月から令和元年12月まで他社の丙田内装株式会社で
役員をしていた叔父甲野幸之助の証明

〔用紙A4〕 ０００２

経 営 業 務 の 管 理 責 任 者 証 明 書

（1）　下記の者は，建設業に関し，次のとおり第7条第1号イ { (1) (2) (3) } に掲げる経験を有することを証明します。

役 職 名 等　　**代表取締役**

経 験 年 数　　**平成29年12月から令和元年12月まで満2年月**

証明者と被証
明者との関係　　**役員**

備　　考

参考：
今回の事例では，不要であるが，仮に，
丙田内装株式会社が内装工事業の許可業
者であった場合には，ここに許可番号等
を記載しておく。
例：
東京都知事（般一○○）第○○○○○号
内装工事業

年　　　月 ○ 日

東京都○○区・・・・
丙田内装株式会社
代表取締役　丙田　四郎

証明者　　　　　　　　印

（2）　下記の者は，許可申請者 { の常勤の役員 本　人 の支配人 } で第7条第1号イ { (1) (2) (3) } に該当する者であることに相違ありません。

令和 ５ 年　　　月 ○ 日

地方整備局長
北海道開発局長
東京都知事　殿

申請者
届出者　　東京都千代田区○○町○-○-○
　　　　　甲野株式会社　甲野　太郎　　　　印

申 請 又 は 届
出 の 区 分　　項番 ｜１｜７｜ １ ｜　（1．新規　2．変更　3．常勤役員等の更新等）

新規なので，「1」を記載

変 更 又 は 追
加 の 年 月 日　　　　　　年　　　月　　　日

大臣
知事 コード

許 可 番 号　　｜１｜８｜□□｜　国土交通大臣 許可（般-□□）第○○○○○号　平成 □□ 年 □□ 月 □□ 日
　　　　　　　　　　　　　知事　　　　特　　　　　　　　　　　　　許可年月日

記

◎【新規・変更後・常勤役員等の更新等】

氏名のフリガナ　｜１｜９｜ コ｜ウ｜　　　　　元号〔令和R，平成H，昭和S，大正T，明治M〕

氏　　　　　名　｜２｜０｜ 甲｜野｜ ｜幸｜之｜助｜ ｜ ｜　生 年 月 日 ｜S｜３｜１｜年｜０｜６｜月｜３｜０｜日

住　　　　　所　　　甲野幸之助の住所

◎【 変　更　前 】

元号〔令和R，平成H，昭和S，大正T，明治M〕

氏　　　　　名　｜２｜１｜ ｜ ｜ ｜ ｜ ｜ ｜ ｜ ｜　生 年 月 日 ｜ ｜ ｜年｜ ｜ ｜月｜ ｜ ｜日

備考
　常勤役員等の略歴については，別紙による。

記載例25-2　様式第7号　常勤役員等（経営業務の管理責任者等）証明書（（ロ）自社証明期間）

ロ）　自社証明期間
叔父甲野幸之助が，令和2年1月から令和5年1月現在まで
甲野株式会社の役員に就任していることを証する内容のもの

常 勤 役 員 等 （ 経 営 業 務 の 管 理 責 任 者 等 ） 証 明 書

（1）　下記の者は，建設業に関し，次のとおり第7条第1号イ ｛ (1) (2) (3) ｝ に掲げる経験を有することを証明します。

役 職 名 等　　**代表取締役**

経 験 年 数　　**令和2年1月から令和5年1月まで満3年1月**

証明者と被証
明者との関係　　**役員**

備　　　考

令和　5　年　　　月 ○ 日

東京都千代田区○○町○－○－○
甲野株式会社　甲野　太郎

証明者　　　　　　　　　　　　　　　　印

（2）　下記の者は，許可申請者 ｛ の常勤の役員 本　　人 の支配人 ｝ で建設業法第7条第1号イ ｛ (1) (2) (3) ｝ に該当する者であることに相違ありません。

令和　5　年　　　月 ○ 日

東京都千代田区○○町○－○－○
甲野株式会社　甲野　太郎

申請者
届出者　　　　　　　　　　　　　　　　印

地方整備局長
北海道開発局長
東京都知事　　殿

申 請 又 は 届　　| 1 | 7 | 1 |　（1．新規　　2．変更　　3．常勤役員等の更新等）
出 の 区 分

新規なので，「1」を記載

変 更 又 は 追
加 の 年 月 日　　　　　　　年　　　月　　　日

大臣
知事コード

許 可 番 号　　| 1 | 8 |□|□|　国土交通大臣
　　　　　　　　　　　　　　　知事　許可（般
　　　　　　　　　　　　　　　　　　特 －□□）第 |□|□|□|□|□| 号　平成 |□|□| 年 |□|□| 月 |□|□| 日
　　　　　　　　　　　　　　　　　　記

◎【新規・変更後・常勤役員等の更新等】

氏名のフリガナ　| 1 | 9 |コ|ウ|　　　　　　　　　　　元号〔令和R，平成H，昭和S，大正T，明治M〕

氏　　　名　　| 2 | 0 |甲|野|　幸|之|助|　　　　生 年 月 日　|S|3|1| 年 |0|6| 月 |3|0| 日

住　　　所　　　甲野幸之助の住所

◎【変　更　前】

　　　　　　　　　　　　　　　　　　　　　　　　元号〔令和R，平成H，昭和S，大正T，明治M〕

氏　　　名　　| 2 | 1 |　|　|　|　|　|　|　|　生 年 月 日　|　|　| 年 |　|　| 月 |　|　| 日

備考
　経営業務の管理責任者の略歴については，別紙による。

140

②　様式第９号の専任技術者の「実務経験証明書」の場合

　「事例①」（P 77）では，専任技術者は「資格者」であったため，「実務経験証明書」は不要である。

　そこで，ここでは「資格者がいない」ために，実務経験で証明する「事例②」を挙げる。それは，実務経験での証明は立証資料収集を含め困難な業務の一つといえるからである。

　つまり，資格者がいないため，役員の叔父の実務経験を活かして専任技術者を認めてもらうケースである。

（注）　事例②では，「どうせ他社の丙田内装から書類を借りられるなら，いっそのこと，10年借りられないか」という考えもできよう。しかし，書類は古くなればなるほど散逸しやすい。税務上の書類も保存期間は７年であることを考えると，直近から書類を集めていくことに専念すべきであろう。

事例 ②　「一般・知事許可」の事例（資格者がいない場合）

　内装工事を行う「甲野株式会社」を設立して３年が経った社長「甲野太郎」からの聴き取り。

　設立当初から，建設会社で役員をしていた叔父「甲野幸之助」に手伝ってもらっている。

　「内装工事業」の許可取得を希望している。

> 斜線箇所が事例１との違い。

　社内には２級建築施工管理技士（仕上げ）等の資格を取得している従業員はいない。しかし叔父が，内装工事を専門に行う前職の株式会社Ａ（許可業者ではない）で平成24年12月から平成29年12月末までの「概ね５年間」の従業員（工事主任，監督等）としての実績がある。しかも平成30年１月か

ら令和元年12月末日までの「4年間」工事部長兼務取締役であり，現職の
工事部長兼務取締役を加えると，実務経験が「10年間」ある。

（「事例2」設定確認）
依頼者：甲野株式会社
役員：　代表取締役：甲野太郎，取締役：甲野幸之助（叔父）の2名
甲野幸之助（甲野太郎の叔父）の前職
1）丙田内装株式会社（代表取締役：丙田四郎）の従業員（工事主任，監督等）
　　　　期間：平成24年12月から平成29年12月末までの概ね5年間
2）丙田内装株式会社の取締役
　　　　取締役就任期間：平成30年1月から令和元年12月末日までの2年間

甲野幸之助の
「経営業務の管理責任者証明書」は，「事例①」と同じである。
次に，「専任技術者」は，資格者がいない場合，
原則として10年分の「実務経験証明書」が必要である。

甲野幸之助が，
　　イ）他社証明期間（前頁1）と2）の合算年数すなわち丙田内装株式会社での平
　　　　成24年12月〜令和元年12月末日までの7年間の実績（前ページ　1）＋2）））と
　　ロ）自社証明期間（甲野株式会社での令和2年1月〜4年12月の実績）により
10年間の実務経験が認められる。
　　そこで，「チェックリストA」の2.「人材」要件を修正してみる（他の事項
は「事例①」と同じ）。

図表26◆チェックリストＡ（事例②）記入例

チェックリストＡ （事例②）

2．「人材」要件
（1）　社長，役員，技術者等の経験について

	経営経験	該当資格	実務年数	学歴	注
役員（社長）甲野太郎	3年（×最低2年足りない）	×	×（7年足りない）	なし	
役員（叔父）甲野幸之助	○（他社（丙田内装）を含めて5年）	×	○（他社を含めて10年）	なし	常勤役員等・専任技術者の候補者
従業員	×	×	×		

※（　）は取得希望と異なる業種の経験の場合

（2）　役員・従業員は社会保険に加入しているか？（現在の常勤性の確認）　**はい**
（3）　実務経験期間の常勤性確認書類があるか？（過去の常勤性の確認）
　　　他社期間：厚生年金被保険者記録照会回答票等
　　　自社期間：厚生年金被保険者記録照会回答票，確定申告書の役員報酬明細
　　　　　　　　欄等

（続く）

「事例②」の「チェックリストB」は以下のようになる。

図表27◆チェックリストB（事例②）記入例

年数	年度	経営業務の管理責任者				専任の技術者				メモ
		謄本	確申	請求書等	通帳	資格証	請求書等	通帳	常勤性	
1	H 25					×	○	○	○	
2	H 26					×	○	○	○	
3	H 27					×	○	○	○	
4	H 28					×	○	○	○	
5	H 29					×	○	○	○	
6	H 30	○	○	○	○	×	○	○	○	
7	H31, R1	○	○	○	○	×	○	○	○	
8	R 2	○	○	○	○	×	○	○	○	
9	R 3	○	○	○	○	×	○	○	○	
10	R 4	○	○	○	○	×	○	○	○	
11										
12										

他社証明箇所（年数1～7）
自社証明箇所（年数8～10）

ここの書類で証明。

◆自社証明のみで済む場合
- ☑ 自社の上記期間の請負契約書or注文書と注文請書or請求書等
- ☑ 請求書等に対応する通帳の原本
- ☑ 確定申告書（経営5年分，専技10年分）
- ☑ 実務経験期間の常勤性を確認できる書類

◆他社証明が必要な場合
- ☐ 該当の他社は，経験者の在籍時に建設業許可業者であったか？
  はい→役所にて許可番号・許可取得保持期間を確認。
  いいえ→原則：他社に以下の書類の準備をお願いできるか（協力を得られるか）？
    - ☑ 他社から実務経験証明書による証明をしてもらう
    - ☑ 上記期間の他社の請負契約書or注文書と注文請書or請求書等
    - ☑ 請求書等に対応する通帳の原本
    例外：他社の協力が得られないことに正当性がある場合（他社の解散，破産等）には，経験を積んだ会社の当時の取締役または本人の証明で対応。ただし，役所に事前相談が望ましい。
- ☑ 実務経験の常勤性を確認できる書類

以上より様式は以下のようになる。

記載例26　様式第9号　実務経験証明書（（イ）他社証明期間）

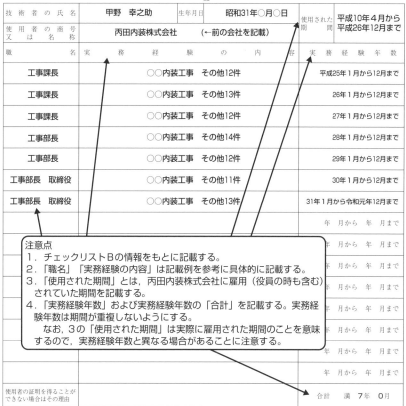

実　務　経　験　証　明　書

1枚目　他社証明
平成25年1月から令和元年12月末日まで他社で従業員・役員をしていた叔父の証明

下記の者は，**(内)** 工事に関し，下記のとおり実務の経験を有することに相違ないことを証

参考：
今回の事例では，不要であるが，経営業務管理責任者証明書（様式7号）でも記載のとおり，仮に，丙田内装株式会社が内装工事業の許可業者であった場合には，ここに許可番号等を記載しておく。
例：
東京都知事（般一〇〇）第〇〇〇〇〇号

（前の会社を記載）
東京都〇〇区・・・・
丙田内装株式会社
代表取締役　丙田四郎

証　明　者　　　　　　　印

被証明者との関係　　従業員，取締役

技 術 者 の 氏 名	甲野　幸之助	生年月日	昭和31年〇月〇日	使用された期間	平成10年4月から平成26年12月まで
使用者の商号又は名称	丙田内装株式会社　　（←前の会社を記載）				
職　　　名	実　務　経　験　の　内　容			実　務　経　験　年　数	
工事課長	〇〇内装工事　その他12件			平成25年1月から12月まで	
工事課長	〇〇内装工事　その他13件			26年1月から12月まで	
工事課長	〇〇内装工事　その他12件			27年1月から12月まで	
工事部長	〇〇内装工事　その他14件			28年1月から12月まで	
工事部長	〇〇内装工事　その他12件			29年1月から12月まで	
工事部長　取締役	〇〇内装工事　その他11件			30年1月から12月まで	
工事部長　取締役	〇〇内装工事　その他13件			31年1月から令和元年12月まで	
				年　月から　年　月まで	

注意点
1．チェックリストBの情報をもとに記載する。
2．「職名」「実務経験の内容」は記載例を参考に具体的に記載する。
3．「使用された期間」とは，丙田内装株式会社に雇用（役員の時も含む）されていた期間を記載する。
4．「実務経験年数」および実務経験年数の「合計」を記載する。実務経験年数は期間が重複しないようにする。
　なお，3の「使用された期間」は実際に雇用された期間のことを意味するので，実務経験年数と異なる場合があることに注意する。

| 使用者の証明を得ることができない場合はその理由 | | | | 合計　満　7年　0月 | |

記載要領
1　この証明書は，許可を受けようとする建設業に係る建設工事の種類ごとに，被証明者1人について，証明者別に作成すること。
2　「職名」の欄は，被証明者が所属していた部課名等を記載すること。
3　「実務経験の内容」の欄は，従事した主な工事名等を具体的に記載すること。
4　「合計　満　年　月」の欄は，実務経験年数の合計を記載すること。

記載例26-2　様式第9号　実務経験証明書（(ロ)自社証明期間）

実 務 経 験 証 明 書

下記の者は，（内）工事に関し，下記のとおり実務の経験を有することに相違ないことを証明します。

平成　30年　6月○　日

（今の会社を記載）

登記上　東京都世田谷区○○町○－○－○
事実上　東京都千代田区○○町○－○－○
甲野株式会社　代表取締役　甲野　太郎

証 明 者

被証明者との関係　　取締役

記

技 術 者 の 氏 名	甲野　幸之助	生年月日	昭和31年○月○日	使用された期間	令和2年1月から令和5年4月まで
使 用 者 の 商 号又 は 名 称	甲野株式会社　　（←今の会社）				
職　　　　名	実　務　経　験　の　内　容			実 務 経 験 年 数	
工事部長　取締役	○○内装工事　　その他10件			令和2年1月から12月まで	
工事部長　取締役	○○内装工事　　その他15件			3年1月から12月まで	
工事部長　取締役	○○内装工事　　その他12件			4年1月から12月まで	
				年　月から　年　月まで	
	注意点 1．1枚目の「実務経験証明書」同様，チェックリストBの情報をもとに記載する。 2．「職名」「実務経験の内容」は記載例を参考に具体的に記載する。 3．「使用された期間」とは，甲野株式会社に雇用（役員の時も含む）されていた期間を記載する。 4．「実務経験年数」および実務経験年数の「合計」を記載する。実務経験年数は期間が重複しないようにする。　なお，1．1枚目の「実務経験証明書」では，3．の「使用された期間」と「実務経験年数」は異なったが，甲野幸之助氏の場合，雇用され始めたところから実務経験をカウントしているので，一致している。			年　月から　年　月まで	
				年　月から　年　月まで	
				年　月から　年　月まで	
				年　月から　年　月まで	
				年　月から　年　月まで	
				年　月から　年　月まで	
				年　月から　年　月まで	
				年　月から　年　月まで	
				年　月から　年　月まで	
				年　月から　年　月まで	
				年　月から　年　月まで	
使用者の証明を得ることができない場合はその理由				合計　満　3年　0月	

記載要領
1　この証明書は，許可を受けようとする建設業に係る建設工事の種類ごとに，被証明者1人について，証明者別に作成すること。
2　「職名」の欄は，被証明者が所属していた部課名等を記載すること。
3　「実務経験の内容」の欄は，従事した主な工事名等を具体的に記載すること。
4　「合計　満　年　月」の欄は，実務経験年数の合計を記載すること。

146

Column 13

資格者は強し

専任技術者要件の立証は，その者が資格者であればその「資格証」で証明できます。

しかし，資格者でなければ，「私は実際にこのような工事に関わってきました」ということを書類で証明しなければなりません。請負契約書もしくは「請求書」と「入出金のわかる通帳」のセットを，１業種につき，最長10年分準備する必要があります。甚だ面倒な作業です。許可申請手続が書面審査なので仕方ないことです。まさに，「資格者は強し」といえるのです。

(4)　経験・実務経験を「請求書」と「入出金のわかる通帳」で証明する

次に実際に甲野幸之助が内装工事を行っていたことを証明することになる。

一般に，次の２つのいずれかで証明する。

イ）	工事請負契約書10年分	10年分
ロ）	注文者・元請業者からの注文書，建設業者（以下「下請業者」）からの請求書（控え） ＋ 請負金額の入金が確認できる取引明細（通常は，金融機関の通帳等）	各10年分

ここでは，イ）工事請負契約書はないという前提で，一般に多いケースであるロ）の請求書と通帳の照合の仕方を確認する。

役所への請求書，通帳の提示方法

(1) まず，関係する会社の「支払の締日と支払日」を確認する。すなわち，
工事が終わり，請求書を発行した後，先方がどれくらいのスパンで入金
するのか理解しておくと，請求書と通帳の照合が早くできる。

(2) 次に，(1)の照合ができた後，「前頁表のロ)」につき役所に提出する際
は，当該請求書と通帳の該当箇所のコピーをワンセットにする。通帳の
該当箇所にラインマーカーを引くと，役所の担当者は，請求書の請負金
額と通帳の入金状況を照合しやすい。なお，担当者は請求書と通帳を原
本で確認を行う。必ず原本を役所に持参すること。

以下の例を参照のこと。

例：甲野株式会社は，月初（1日）に請求書を発行する。

　先方の□□□□会社は，毎月25日締めて，

　翌月5日に清算する（毎月25日締，翌月5日払い）とする。

　今回の甲野株式会社が，4月1日に，□□□□会社に請求書を発行す
ると，□□□□会社は，4月25日締めて，甲野株式会社に5月5日に支
払うことになる。

　これをもとに，通帳の該当箇所を探す。

図表28◆請求書（控え）

令和3年4月1日

請求書

□□□□会社　様

甲野株式会社

代表取締役　甲野　太郎

　ますます御健勝のこととお慶び申し上げます。平素は格別のお引き立てをいただき，厚く御礼申し上げます。

　この度のご利用につきまして，下記のとおりご請求申し上げます。

ご請求金額　金 **1,620,000円**

工期	項目	請負額単価	数量	金額（円）
3月1日から18日	◆◆ビル内装工事			1,500,000円
	小計			1,500,000円
	消費税（10%）※			150,000円
	合計			1,650,000円

振込先：○○銀行○○支店　普通預金　111111　コウノカブシキガイシャ

※　令和3年4月1日現在の消費税の税率

★請求書の請求額と通帳の預り金額欄が，一致していることを確認する。
なお，振込手数料が甲野株式会社負担の場合，振込手数料分減額された額が振り込まれる。多少の誤差があることに注意する。

通帳の写し

普通預金　2ページ

	お取引内容	お支払金額(円)	お預り金額(円)	
29-4-30				
29-5-1				
29-5-5	カ）□□□□		1,650,000	
29-5-10				

Column 14

経営経験・実務経験を請求書等によって証明する場合の綴じ方について（東京都の場合）

　近年，標記の件につき，東京都における手続きが変更されたので注意が必要です。

　従来，用意する請求書等について，これまでは証明に必要な月数分（原則1月1件）必要でした。しかし，経営経験・実務経験期間確認表の提出をもって請求書等の年月の間隔が四半期（3か月）未満であれば，間の請求書等の提示・提出を省略できるようになり，作業が軽減されました。

　①　経営経験・実務経験期間確認表の提出（表につける）

　②　あとは，請求書等（例として請求書と入金を確認できる通帳の写し）を必要分準備します。

　参考として，東京都の「建設業許可申請・変更の手引き（令和4年度）」の確認表を掲載します。

○ 経営経験・実務経験期間確認表

前の請求書等と次の請求書等の年の月の間隔が3か月未満であるため、経験期間として認められる。（通算月数を記入）

前の請求書等と次の請求書等の年の月の間隔が3か月以上であるため、経験期間として認められない。

前の請求書等と次の請求書等の年の月の間隔が3か月以上であるが、工期の終期である29月と次の請求書等の年の月の間隔が3か月未満であるため、経験期間として認められる。

【基本的な記入方法】

① 請求書は、証明しようとする期間の全てを含むこと。

例)
平成24年1月から令和3年12月の10年間を証明しようとする場合、平成24年1月以前の請求書等と令和3年12月以降の請求等が必要。

(2)請求書等の年の月の間隔が四半期（3か月）未満であれば、間の請求書等の提示を省略することができる。

例)
平成24年1月と平成24年4月の請求書等がある場合、平成24年2月・3月分の提出・提示は不要。

以下の通算月数に達するまで記載
- ・1年実務の場合　⇒　12
- ・3年実務の場合　⇒　36
- ・5年実務の場合　⇒　60
- ・10年実務の場合　⇒　120

年	月	工事件名	工期 (※)	請求書等	入金確認資料	通算
平成2年	1	清水邸造園工事	―	請求書	通帳 (基本提示)	1
	2		―			2
	3	社公園植栽工事	―	請求書		3
	4		―	請求書	領収書 (基本提示)	4
	5					
	6					
	7					
	8	千田ビル植栽工事	8月8日から9月26日まで	請求書 (基本提示)		5
	9					6
	10					7
	11					8
	12	山本邸造園工事	―	注文書 (基本提示)		9
平成2年	1	大泰ビル植栽工事	―	注文書 (基本提示)		10
	2					11
	3					12
	4	東山公園植栽工事	4月1日から5月27日まで	契約書 (基本提示)		13
	5					14
	6					
	7					
	8					
	9	皇川公園修繕舗装工事	―	注文書 (基本提示)	取引明細 (基本提示)	15
	10					
	11					
令和2年	1	皇のビル植栽工事	―	注文書 (基本提示)		116
	2					
	3					
	4					
	5	中央公園植栽工事	5月9日から7月31日まで	契約書 (基本提示)		117
	6					118
	7					119
	8	宝山公園造園工事	―	注文書 (基本提示)		120
	9					
	10					
	11					
	12					

請求書・契約書・請書・注文書等記載の工事名を記入

請求書・契約書・請書・注文書等の種別を記入

通帳・領収書・取引明細等の種別を記入

請求書等に工期が明記されている場合は記載

※【機械器具設置工事（専任技術者）の場合】

工期の全てではなく、現場ごとの機械の組立・設置・工事期間のみを実務経験期間とします。

⇒ 請求書等に加えて、工程表等現場で機械据付け・設置工事を行っている期間が確認できる資料を提出すること。

経験年数のカウント方法

役所に申請する前に経歴の「10年分のカウント」を確認すること。

1か月に付き1枚の申請工事の請求書を10年分求める役所もあれば,

工事の工期をすべて加算して10年分の日数を超える請求書を求める役所もある(P51図表15参照)。

後者の場合は,煩雑な確認作業に追われることになる。

(5) 営業所の写真撮影方法

受任が決まったら,依頼者に営業所の写真の撮影について説明する。

以下の5点の状態が確認できる写真を撮影する。

① 建設業の営業所(「建物外観」「入口の看板」「標識」)

② ポスト(郵便受け)

③ 「契約の締結」ができるスペース

④ 事務所の備品(「電話機」「ファックス機」「事務机」「パソコン」「書類庫」等)

⑤ 独立性の証明(事務所を他の法人・個人事業主と共有している場合)

① 撮り忘れがないように事前に,営業所内のレイアウトを確認する。営業所内については,以下の→の「4方向」から撮影する。

撮り忘れの可能性もあるため,余分に撮影して,後でセレクトする。

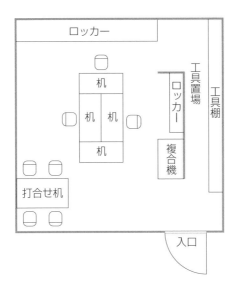

②　写真撮影するもの

　イ）建物全体の写真

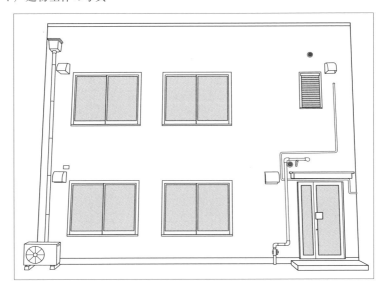

ロ）郵便受け入れポストと看板（写真）

※　雑居ビルの場合には，①「集合ポスト全体」と②「会社のポスト（会社名が見えること）」の２つの手順を踏んで写真撮影すること。

ハ）営業所入口及び内部

以下のレイアウトの→に従って，撮影すれば，営業所の状態をわかりやすく，役所担当者に伝えることができる。

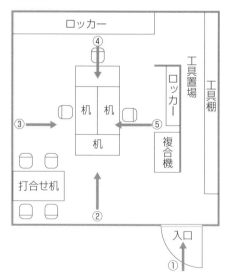

①の写真

　　①──→のように，入口をあけて，部屋の中が見えるように撮影する。
　　外部と内部の連続性が写真の上で表現されていればよい。

②の写真

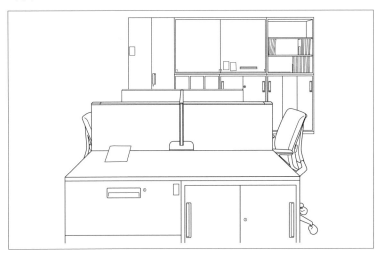

③の写真

④の写真

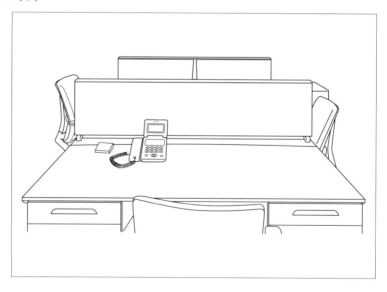

⑤の写真

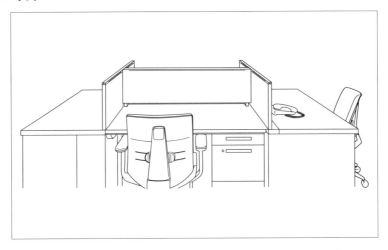

(6) 申請書類を綴る

役所の「手引書」に記載されている順序のとおり申請書類を綴る（東京都であればP 150参照）。

なお，「提出部数」を確認すること。

図表29◆提出部数

種　別	正本（役所に提出）	副本（依頼者に納品）
①　「様式第1号　建設業許可申請書」が表紙	○	○
②　別とじ用表紙（提出用記入用紙）	○	○
③　確認資料等	○	○（どの書類を提出したかを依頼者に理解してもらうため）
④　電算入力用	○	×（①，②の中の書類と重複するもの。あくまで，役所の作業効率のために提出を要求されるものだから）
⑤　役員等氏名一覧表	○	○

> **ここが実務のポイント㉓**　控えを保管しておく
>
> 　自分がどのような申請をしたかを把握するために，副本の写しをとっておくこと。後々の参考になる。

3-6　申請する（建設５）

申請書類を「手引書」のとおりに整えて申請すれば，担当官はスムーズに書類を確認できる。

役所の担当官の前で，書類を整理している行政書士を見かけることがある。

全くもって論外である。これは多忙な担当官の時間を奪うことになる。当然心証も悪い。

3-7　アフターフォロー（申請後）

アフターフォローには，「申請後から許可前まで」と「許可後」に分けられる。以下，時系列に沿って説明する。

(1)　申請後から許可前まで（連絡・役所対応）

申請が受理された場合，問題がなければ，各都道府県で定めた「標準処理期間」（たとえば，東京都だと受理後30日）内に，依頼者の営業所に「許可通知書」が到達する。

(2)　申請後から許可前まで（打合せ）

追加書類の提出の必要がない場合，受理後２週間後を目途に，依頼者と打合せをする。その内容は以下のとおり。

①　打　合　せ

イ）許可後の手続きを知らせる。

a）事務所内の「標識」の設置

b）決算報告届の提出義務

ロ）法的アドバイスを行う。

a）請負契約書・請求書等の工事件名の記載の明確性

b）配置技術者の設置義務（P164以下「ここが実務のポイント25，26」「図表32」参照）

②　書類の交付

a）申請書（写）

b）借用した書類

③　請求の清算（請求書の発行。なお，入金後は領収書を発行すること）

「請求書・領収書」のモデルは，東京都行政書士会総務部所管の様式（資料5）を参照のこと。なお，記載例については，第4章「見積書の作り方」で示す。

(3)　許可後の手続き

許可取得後に次の手続きを行う必要がある。

①　許可直後に行うこと→　標識の掲示（建設40，40の2，40の3）

店舗および工事現場ごとに公衆の見やすい場所に，標識（建設業の許可票）を掲げる（縦35cm，横40cm以上）。

標識例

許可証の記載に沿って記入

建　設　業　の　許　可　表				
商号又は名称	甲野株式会社			
代表者の氏名	甲野　太郎			
一般建築業又は特定建設業の別	許可を受けた建設業	許可番号		許可年月日
一般建設業	内装工事業	東京都知事　許可（〇）　第〇〇〇号		令和5年7月18日
この店舗で営業している建設業	内装工事業			

35cm以上

40cm以上

② 変更が生じたら行うこと　→　変更届（建設11，17）

定められた期限までに提出する。

期限については，各役所の手引書で確認すること。

イ）許可の申請事項に変更が生じた場合

2週間以内

a）「経営業務管理責任者」「専任技術者」を変更した，または欠いた場合

b）欠格要件に該当した場合

30日以内

c）「商号」「名称」「所在地」「資本金」（出資金額）「役員」の変更

d）個人事業主の氏名変更，支配人の変更

e）廃業した場合

4か月以内

f）国家資格者の変更

g）定款変更（決算期変更など）等

ロ）決算が終了した場合（決算変更届・事業年度報告書）→

4か月以内

③ 許可の有効期限の30日前までに行うこと　→　更新申請の手続き（建設5，6②，建設規則5，6）

許可の有効期限は5年である。更新手続は通常，有効期限日の30日前までに完了させる。

更新の際には，「②イ）およびロ）」の届出がすべて完了していることが前提になる。

（注）特定建設業許可の場合は，直近の決算の財産的要件を充たしていることが必要。

図表30◆許可後の手続一覧

	場　　　　面	期　　限	根拠条文
1	標識の掲示（営業所） （縦35cm，横40cm以上）	許可直後	建設40
2	変更・廃止 「商号」「営業所の名称」「営業所の所在地	30日以内	建設11①，12

	等」「営業所の新設・廃止」「資本金」「役員」「個人事業主の氏名変更」「支配人（個人の許可申請の場合）」「廃業の場合」		
3	変更・欠格要件該当 「経営管理責任者」「専任技術者」	2週間以内	建設11④, 11⑤
4	変更 「国家資格者」「定款」	事業年度終了後4か月以内	建設11③
5	決算終了 （決算変更届・事業年度報告書）	事業年度終了後4か月以内	建設11②
6	更新	有効期限まで（手続きは, たとえば有効期限の30日前まで行うなど）	建設5, 6②

④ 「新規許可申請」以外の申請

「一般・知事許可」を基本型として, 他の許可を「一般・知事許可の応用」と位置付けると理解しやすい。

イ）「許可換え」新規

次の2つの場面がある

a）「知事許可」（または大臣許可）を受けている者が, 大臣許可（または知事許可）に変更するとき

b）「知事許可」のみを受けている者が, 「他都道府県の知事許可」に変更するとき

```
許可換え  知事許可  →  大臣許可
         大臣許可  →  知事許可
         知事許可  →  他都道府県の知事許可
```

ロ）「般・特」新規

　一般建設業（または特定建設業）のみの許可を受けている者が，新たに特定建設業（または一般建設業）の許可を申請するとき

追加　①一般建設業許可　→　特定建設業許可

　　　②特定建設業許可　→　一般建設業許可

ここが実務のポイント㉔　「一般」から「特定」への変更に要注意

　注意を要するのは，「一般建設業　→　特定建設業」である。

　特定の方が，許可要件が厳しいからである。

　この場合，申請内容は新規に特定建設業許可を受けるときとほぼ同様である。

　イ）財産的要件を充たしていること（P36参照）

　ロ）特に専任技術者につき，特定建設業特有の資格を確認する（例：2級建築施工管理技士（仕上げ）では特定許可は取得できない。1級建築施工管理技士の資格が必要）に特に気を付ける必要がある。

ハ）業 種 追 加

　一般建設業（または特定建設業）のみの許可を受けている者が，許可を受けている建設業の業種とは別の一般建設業（または特定建設業）の業種の許可を申請するとき

　たとえば，建築一式工事の許可を有する会社が，内装工事業，塗装工事業といった専門業種の許可を追加して申請することをいう。

ニ）「般・特新規」と「業種追加」の組み合わせ

上記2つを同時に行うとき

図表31◆通常の新規申請以外の申請一覧

	場　面	具体例
イ）「許可換え」新規	「知事許可」（または大臣許可）を受けている者が「大臣許可」（または知事許可）に変更するとき	「知事許可」→「大臣許可」 「大臣許可」→「知事許可」
ロ）「変更」	「知事許可」を受けている者が「他都道府県の知事許可」に変更するとき	「東京都知事許可」→「埼玉県知事許可」
ハ）「般・特」新規	「一般建設業」（または特定建設業）の許可を受けている者が「特定建設業」（または一般建設業）の許可を申請するとき	「一般建設業」→「特定建設業」 「特定建設業」→「一般建設業」
ニ）「業種追加」	「一般建設業」（または特定建設業）の許可を受けている者が許可業種とは別の業種を申請するとき	「建築一式工事」＋「内装工事」
ホ）「般・特」と「業種追加」の組み合わせ	ハ）とニ）を同時に行うとき	「一般建設業（建築一式工事）」→「特定建設業（建築一式工事)」＋「内装工事」

ここが実務のポイント㉕　専任技術者が配置技術者となる場合

　専任技術者は，許可要件として営業所に常勤していることを要求される。これは，適正な営業を行うためのものであり，当該技術者が建設工事の現場に行くことを建設業法は本来予定していない。

　そこで，建設業法は，26条1項，2項において，建設工事の施工の技術上の管理を行う配置技術者（主任技術者・監理技術者）を建設工事の現場

に置くことを要求している。

　このように専任技術者と配置技術者とは概念が異なる。

　会社の営業所に専任技術者が常勤している。そして，資格や実務経験の条件を満たす配置技術者が現場で技術上の管理を行うということである。

　但し，建設業界の実態を考えると，技術者を何人も雇用する余裕がない業者が多い。一人親方などの小さい会社では，実際には常勤を要求される専任技術者が現場に赴くこともよくある。

　ここで，国の施策において，営業所の専任技術者は原則として配置技術者になれないが，例外として，

　①　当該営業所で契約された工事で，

　②　現場に従事しながら営業所の職務に従事し得る程度に工事現場と営業所が近接し，

　③　常時営業所と連絡を取り得る場合には，

　④　専任性を要しない工事現場において※

　主任技術者・監理技術者を兼務できるとした（平成15年4月21日国総建第18号営業所における専任の技術者の取り扱いについて）。人手が足りない会社は，この形で運用されている。

※　「専任性を要しない工事現場」とは工事現場の掛け持ちが許される次の工事のことを指す（なお，P169図表32を参照のこと）。

↓まとめると

《主任技術者の専任性を要しない工事》

請負金額（税込）	元請・下請の区分	下請への発注総額	工事
4,000万円未満（建築一式工事は8,000万円未満）	区別せず		区別せず
4,000万円以上（建築一式工事は8,000万円以上）	下請		個人住宅のみ
	元請	下請への発注工事総額4,500万円未満（建築一式工事の場合は7,000万円未満）	

《監理技術者の専任制を要しない工場》

請負金額（税込）	元請・下請の区分	下請への発注総額	工事
4,000万円以上（建築一式工事は8,000万円以上）	元請	下請への発注工事総額4,500万円以上（建築一式工事の場合は7,000万円以上）	個人住宅のみ

ここが実務のポイント㉖　専任技術者以外の者が配置技術者となる場合

1．配置技術者の配置

　許可取得前であれば，工事現場に技術者を配置させるという「配置技術者の概念」は存在しない。

　しかし，許可後は，専任（工事の施工中は常時継続して工事現場にいること）か非専任（現場の掛け持ちが可能）に関わらず，請負工事金額に応じて，配置技術者（主任技術者・監理技術者）を置くことが建設業法上義務付けられている。

　違反すると，行政処分の対象になりかねない。顧客に十分理解してもらえるように説明する必要がある。

　なお，この点は，新規申請後に提出する決算変更届に添付する「工事経歴書」の配置技術者の記載にも影響を及ぼすことに注意を要する。工事経歴書はその欄を単に埋めれば済むものではない。しっかりと検討した上で記入していくことが必要となる。

　以下，配置技術者（主任技術者・監理技術者）と請負工事金額につき，チャートの「図表32」にまとめた。「この請負金額だと，主任技術者でも専任性を要する」とか，「非専任でもよい」など，具体的にアドバイスする際に役立ててほしい。

２．専任を必要とする主任技術者の兼務について

　建設業法施行令27条２項によれば，専任を必要とする主任技術者の兼務の条件は，密接な関係を有する工事を同一または近接した場所で施行する場合としている。

　しかし，この点について，国土交通省と東京都とで解釈が異なっている点に注意を要する。

　国土交通省は，「建設工事の技術者の専任等に係る取扱いについて（改正）」（国土建第272号平成26年２月３日）において，以下の①から③を条件としている。

① 　工事の対象となる工作物に一体性若しくは連続性が認められる工事または施工にあたり相互に調整を要する工事であること

② 　工事現場の相互の間隔が10km程度の近接した場所において同一の建設業者が施工すること

③ 　一の主任技術者が管理することができる工事の数は，専任が必要な工事を含む場合は，原則２件程度とすること

　一方，東京都は，「専任を必要とする主任技術者の兼務について」（平成26年３月26日財務局）において，以下の①から③を条件としている。

① 　工事の対象となる工作物に一体性若しくは連続性が認められる工事または工事の施工に当たり相互に調整を要する工事であること

② 　工事現場間の相互の間隔が直線距離で5km以内の範囲にある工事であること

③ 　同一の専任技術者が兼務できる工事件数は２件までとすること

　大きな違いは，②において，国土交通省が工事現場との間隔を10キロ程度としているのに対し，東京都は５キロ以内としている点と③において，国土交通省は兼務の数を原則として２件程度としているのに対し，東京都は例外なく２件までとしている以上２点である。

　これを見ると，国土交通省に比べ，東京都の方が兼務に関する条件が厳しいことになる。

該当する都道府県について，専任を必要とする主任技術者の兼務について確認すること。専任を必要とする主任技術者の兼務を含む配置技術者の設置については，建設業法違反になる場合がある。依頼者に十分に伝えておくことが必要となる。

Column 15
配置技術者の問題は悩ましい

「工事経歴書」の配置技術者の欄は，新規申請の場合は「不要」若しくは「事実上現場監督していた者又は技術者」と記載すればいいです。

しかし，許可後は，配置技術者の欄の記載は，重要な意味を持ちます。

「図表32」でも詳解したとおり，工事請負金額によっては，技術者は工事現場に専任でなければならないケースがあるからです。

しかし，一定規模の会社でないと，配置できる技術者がいないという現実があります。一人親方の会社の場合には，社長一人が経営業務管理責任者と専任技術者を兼任していることが多いといえます。専任技術者は，本来，営業所に常勤していなければなりませんが，その技術者しかいないのに，その者が現場に行って監督できないということになると，工事の施工ができないことになります。

したがって，「ここが実務のポイント25」にも書きましたが，専任技術者でも，例外として配置技術者になれる場合については，通達（平成15年4月21日国総建第18号営業所における専任の技術者の取り扱いについて）に基づき運用されていることが多いです。

建設工事の現場と建設業法がかい離している場面の一つといえるでしょう。

図表32　配置技術者（主任技術者・監理技術者）と請負工事金額

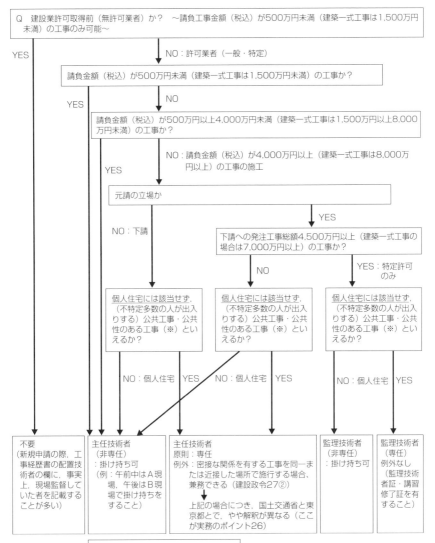

Column 16
専任技術者の常勤性立証と経営事項審査としての
技術者の常勤性立証は異なる

　建設業許可要件としての専任技術者の常勤性立証書類は，健康保険証ですが，経営事項審査としての技術職員の常勤性立証書類は，健康保険証ではなく，「健康保険・厚生年金保険被保険者標準決定通知書」（前年度分も含め）が利用されることが多いです。

　ここで問題となるのが，技術者が２つ以上の法人（事業所）で勤務している場合です。この場合，経審では「２以上事業所勤務被保険者標準決定通知書」という書類を提示することになり，「各事業所でいくら支払われていたか」などが明らかになり，当該申請した会社での常勤性に疑義が生じる可能性があるからです。

　すなわち，２社以上勤務していることが本来建設業法で予定していた「常勤性」に該当する場合があるのかという点がポイントとなります。許可要件の段階では健康保険証の提示のみでいいので，事業者名に申請会社の記載があれば，それだけで常勤性ありとなります。但し，実務上，健康保険証の事業者名はある程度自由に選択できるとのこと（金額が低い方の会社名での登録可）です。

　とすると，例えば専任技術者が許可申請のときは健康保険証の事業者名の記載から申請会社のみ勤務と考えていたが，経審のときに初めて他の会社にも勤務していることが明らかになるということがありえます。行政書士としては，この点も見越して，経営業務管理責任者と専任技術者の候補者には「２社以上勤務の有無」を確認しておくことが望ましいと考えます。

　ある役所の経審担当官からは，許可とは別に判断することを前提に，上記の場合に常勤性があるか否かの判断基準としては，①「２以上事業所勤務被保険者標準決定通知書」，②申請会社の報酬が大幅に多いこと，③できれば申請会社にて特別徴収してあることを前提に後は総合判断とするとのことでした。

　この点は，マイナンバー普及のため健康保険証を廃止するという政府の方針を合わせて考えてみますと，将来，許可要件としての常勤性の立証書類は変更することが考えられます。

第４章　「見積書」の作り方

4-1　基本的な指針

　一般的に，見積書は次の「一括型」もしくは「報酬統計参考型」のいずれか
の形式で出される。

(1)　一　括　型

　明細を記載せずに，「建設業許可申請手続一式○円」と包括的に見積もる。

(2)　報酬統計参考型

　日本行政書士会連合会総務部が調査した「令和２年度報酬額統計調査の結果
について」(注) を参考に見積もる。

（注）　この調査結果は，日本行政書士会連合会のホームページから閲覧できる。
　　　　独占禁止法との関係で，平成12年に行政書士の報酬規定が撤廃された。
　　　　各行政書士にとっては，報酬額を決定する上で一つの指針になっている。

　しかし，２つの見積書だと，相談者は行政書士が手続きを行う上で時間と手
間がどれほどかかるのかわからない。

　そこで私としては，どうすればその時間と手間が相談者にわかってもらえる
かを考えたところ，以下の数式で見積額を算出すると伝わるのではとの結論に
達した。

　その数式とは

$$見積額 = \underset{(※1)}{業務遂行時間} \times \underset{(※2)}{各行政書士の時間単価} + \underset{(※3)}{立替費用等}$$

である。

※1：業務遂行時間
　　申請内容，許可要件充足度等により異なる。
　　申請内容の業務遂行時間を予測して算出する。
　　相談者が事務所へ来所すれば相談開始から終了までの時間となる。
　　一方会社等へ訪問すれば相談時間のほかに，訪問場所に向かうために割いた「交通時間」も含む。

（注）　業務遂行時間については，著者の経験知で通常の業務時間を設定してある。業務を受任した際に，読者の考えで業務遂行時間を設定すること。

以上を前提に，「**4-2**」で，業務のボリュームとの関係で業務遂行時間が異なると思われる２つの事例を提示して，比較してみる。

※2：各行政書士の時間単価
　　各行政書士の考えによる。
　　年収目標を基に逆算して１時間の単価を算出する方法もある。

一つの指針として，行政書士を生業として，家庭を支えていくとなると，一体いくら必要なのかを算出してみる。そして，手元にいくら残っていればいいのか，その額を基に時給を決める方法がある。

コストは，事務所経費のほか，家庭に係る費用（生活費（水道光熱費等も含む），税金，健康保険料，年金，生命保険料，教育費，住宅ローン，貯蓄代等）などさまざまなものが考えられる。

実際の売上額から，これらの費用を引き，手元にいくら残るか，いくら残るのが妥当かという観点から考えていくと理解しやすい。

　なぜなら，上記の金員は，一般的に人が生活していく上で，当然に係るお金といえるからである。

　まさに生活設計に係わることといえるが，それは，読者各人またそれを取り巻く家族の考え方にもよる。

　そのような意味で，1時間の単価については，上記のことを参考に，各人でそれぞれの単価を決めていただきたい。

　本書では，便宜上，1時間5,000円という形で表示しておく。

　その根拠は，年間売上高が約1,000万円を目安に，その数字を達成するには，業務時間を1日8時間，勤務日数を月22日とすると，1時間約5,000円（消費税抜き）となるからである。

　※3：立替金等
　　　役所での申請手数料，住民票等の証明書類の手数料，その他交通費，通信費，コピー代等がここに含まれる。

4-2　業務遂行時間を知る

　業務遂行時間を算出する上で，2つの事例を挙げる。業務のボリュームが異なる点を把握してほしい。

(1)　事例を見る

事例③　　その1（資格者がいる場合）・その2（資格者がいない場合）

（その1）
① Aさんが立ち上げた株式会社A（役員一人）。
　　役員であるAさんが経営業務管理責任者，専任技術者を兼ねる。
② 経営業務管理責任者の経営経験については，Aさんが，Xが希望する

建設業許可業種を取得していた会社（C株式会社）にて役員経験が10年以上ある。

③ 専任技術者の要件については，Aさん自身希望業種に必要な資格を保有している。

④ 営業所：登記簿上の所在地。そこには会社のみ。

⑤ 開始貸借対照表にて，資本金が500万円（決算日は未到来）

（その2）

① Bさんが立ち上げた株式会社B（役員一人）。

役員であるBさんが経営業務管理責任者，専任技術者を兼ねる。

② 経営業務管理責任者の経営経験については，Bさんが，建設業許可を持っていない建設会社（D株式会社）にて役員経験が10年以上ある。

③ 専任技術者の要件については，Bさんは特に資格を持っていないので，建設業許可を持っていない建設会社（D株式会社）での経験を利用することとなる。

④ 営業所：登記簿上の所在地。そこには会社のみ。

⑤ 開始貸借対照表にて，資本金が50万円（決算日は未到来）

↓Aさん，Bさんごとにまとめると，

	その1（Aさん）	その2（Bさん）
前　　職	C（株）（許可あり）	D（株）（許可なし）
現　　職	A（株）の代表取締役	B（株）の代表取締役

⑵　「資格」の有無で差が出る

⑴①④については，「その1」も「その2」も同じである。

違うのは，②③⑤である。以下，表にまとめる。

図表33◆その1・その2の違い

	その1	その2
②	Aさんが役員をしていた期間（少なくとも5年間），許可業者であるC株式会社がAの希望する建設業種の許可を保有していたことを立証すればいい，この点は，C株式会社から聴き取りをしなくても，管轄の役所に問い合わせれば，確認が取れる。	Bさんが役員をしていた期間（少なくとも5年間），無許可業者であるD株式会社が建設工事の請負を行っていたかを証明する必要がある，具体的には，D株式会社より，最低5年分の当該期間の工事に関する(1)契約書or請求書とその入金を確認できる通帳等を借りることが必要となる。ここでは，D株式会社の協力が必要となることから，その1と比べ，手間がかかる（その1はC株式会社の協力は不要であるから）。
③	Aさんは該当する資格を有することからそれで証明となる。	Bさんは特に資格を有していない以上，技術経験を証明するには，②の場合と同様，D株式会社で建設工事の請負を行っていたかを証明する必要がある，具体的には，Bに実務経験年数を短縮させる学歴がない限り，D株式会社より，原則として，10年分の当該期間の工事に関する(2)注文書と注文請書or(3)請求書とその入金を確認できる通帳等を借りることが必要となる。ここでも，②同様，D株式会社の協力が必要となることから，その1と比べ，手間がかかる（その1のC株式会社の協力は不要であるから）。なお，この部分につき，5年分については，②の「最低5年分の当該期間の工事に関する(2)注文書と注文請書or(3)請求書とその入金を確認できる通帳等」と兼ねることとなる。
⑤	500万円の純資産があることになるので，この開始貸借対照表で財産的要件を証明できる。	50万円であることから，建設業許可申請から直近1か月以内の500万円以上の残高証明書（株式会社B名義）が必要となる。残高証明書には有効期限があるため，行政書士としては申請手順のタイムスケジュールを考える必要が生じ，その1に比べ，手間がかかる。

(3) 業務遂行時間の積算

(1)(2)を踏まえ，事例「その1」「その2」につき，その他事項として，

「⑥打ち合わせ」

「⑦書類取寄せ」

「⑧書類作成・申請手続」

を加味して，大まかな業務遂行時間を積算してみる。最終的には，遂行時間は各人異なる。そのため，必ずしもここに記載された時間が，業務時間の平均ではないことに注意してほしい。

　なお，便宜上，30分未満の作業は0分，30分以上60分未満の作業は1時間として積算する。

図表34◆その１・その２の対比

	その１	その２	対　比
① 会社形態	1）A株式会社の履歴事項全部証明書（登記簿謄本）にて確認。 →10分程度の作業として 0分と計算 。取り寄せは②1）の謄本と同様に行う。	1）B株式会社の履歴事項全部証明書（登記簿謄本）にて確認。 →10分程度の作業として 0分と計算 。取り寄せは②1）の謄本と同様に行う。	作業に差はなし。
② 経営業務管理責任	1）C株式会社の履歴事項全部証明書（登記簿謄本）・閉鎖謄本にて役員の任期確認。 →確認1時間30分（証明発行時間を含む）。一番近い法務局へ訪問のための交通時間約1時間。計2時間30分で繰上により，計3時間。 閉鎖謄本の場合，どこまでさかのぼって取得する必要があるかということがあるため，場合によっては，郵送での取寄せの方がかえって面倒な場合もある。その点はケースバイケースである。 2）C株式会社の建設業許可の取得期間を確認。 →役所への電話等で確認できるので，10分程度。0分と計	1）D株式会社の履歴事項全部証明書（登記簿謄本）・閉鎖謄本にて役員の任期確認。 →確認1時間30分（証明発行時間を含む）。一番近い法務局へ訪問のための交通時間約1時間。計2時間30分で繰上により，計3時間。閉鎖謄本の場合，どこまでさかのぼって取得する必要があるかということがあるため，場合によっては，郵送での取寄せの方がかえって面倒な場合もある。その点はケースバイケースである。 2）D株式会社に対し，当該期間の工事に関する請求書とその入金を確認できる通帳等を借りることについてのお願い（難しい場合が多い） →たとえば先方に説明するための	その１，その２の1）については作業に差はなし。 その１の2）その２の2）3）につき，大幅な時間がかかることが予想される。

	算。 以上より， 1）＋2）の総合計時間は， □3時間□	文章を作成および同行説明等も行うとすると，相当の業務遂行時間となる。この点もケースバイケースではあるが，本事例では顧客自身が行うということで，アドバイスも含め，遂行時間を<u>2時間</u>とする。 3）D株式会社より，許可が出た場合，請求書と通帳に関する書類の確認作業（D株式会社より「<u>請負契約書はないが，請求書等はある</u>」と説明があった場合） →本事例では，経営業務管理責任者と専任技術者とを兼ねる事例なので，遂行時間についても③の時間に包含されるので，③の箇所で後述する。 以上より， 1）＋2）＋3）の総合計時間は， □5時間□	
③ 専任技術者	1）資格証の確認 →顧客からの提示およびその内容確認ということで，<u>10分</u>程度。<u>0分と計算</u>。	1）D株式会社の履歴事項全部証明書（登記簿謄本）・閉鎖謄本を取り寄せ，役員の任期確認。 →②において作業は完了している。 2）D株式会社に対し，当該期間の工事に関する請求書とその入金を確認できる通帳等を借りることについてのお願い（難しい場合が多い）。 →②において作業は完了した。 3）D株式会社より，許可が出た場合，請求書と通帳に関する書類の確認作業。 →D株式会社との顔合わせ・説明・書類の準備の時間として<u>1時間</u>を予定。 1年間分につき工事内容・工期・	②同様，「事例 その2」 2）3）につき，大幅な時間がかかる。

		場所・技術者等を確認すると，最低でも1時間は必要と思われる。それが10年分あるので，確認作業だけで10時間ということになる。また，他社証明の場合，他社の重要な書類を外部に持ち出すことは危険が伴う。そこで，他社であるD株式会社まで訪問して確認作業を行うことが望ましいが，その往復の交通時間も加えることになる。ここでは片道1時間の往復2時間としておく。したがって，2）にかかる時間は，13時間となる。 以上より， 1）＋2）＋3）の総合計時間は， 13時間	
④ 営業所	1）A株式会社の履歴事項全部証明書（登記簿謄本）にて確認。 →①にて解決済みである。 2）写真撮影　案内図作成 →概ね写真撮影に30分，案内図作成に1時間の計1時間30分。繰上により計2時間とする。 以上より， 1）＋2）の総合計時間は， 2時間	1）B株式会社の履歴事項全部証明書（登記簿謄本）にて確認。 →①にて解決済みである。 2）写真撮影　案内図作成 →概ね写真撮影に30分，案内図作成に1時間の計1時間30分。繰上により計2時間とする。 以上より， 1）＋2）の総合計時間は， 2時間	作業に差はなし。
⑤ 財産的要件	1）A株式会社の履歴事項全部証明書（登記簿謄本）にて資本金500万円であることを確認。 →決算期未到来の開始貸借対照表の作成に1時間。 以上より，計1時間となる。	1）B株式会社の履歴事項全部証明書（登記簿謄本）にて資本金500万円であることを確認。 →①にて解決済みである。 2）Bさんに対し，B株式会社の500万円の残高証明証書の発行依頼。 →いつのタイミングで依頼するか	「事例その2」につき，段取りを考える必要があるなど，手間がかかる。⑥での打ち合わせの際にしっかり行う

		を含め打合せが必要であるが，この点は，⑥の時間に含めることとする。 3）B株式会社の500万円の残高証明書の発行 以上より，計 0時間 となる。	こと。
⑥ 打ち合わせ日当	前提として，会社への交通時間を片道1時間，往復2時間とする。 1）初回の面談 →面談時間3時間 ＋交通時間2時間含めて， 計5時間（委任契約の締結） 2）最終面談（書類の確認，必要書類の引き渡し等） →面談時間4時間 ＋交通時間2時間含めて， 計6時間 3）申請後の面談（許可後の注意事項等説明） →面談時間1時間 ＋交通時間2時間含めて， 計3時間 以上より， 1）＋2）＋3）の総合計時間は， 14時間	前提として，会社への交通時間を片道1時間，往復2時間とする。 1）初回の面談 →面談時間3時間 ＋交通時間2時間含めて， 計5時間（委任契約の締結） 2）面談（数回必要になる場合あり。ここでは1回とする） →面談時間4時間 ＋交通時間2時間含めて， 計6時間 3）最終面談（必要書類の引き渡し等） →面談時間2時間 ＋交通時間2時間含めて， 計4時間 4）申請後の面談（許可後の注意事項等説明） →面談時間1時間 ＋交通時間2時間含めて， 計3時間 以上より， 1）＋2）＋3）＋4）の 総合計時間は， 18時間	その2については確認作業が多いため， 2）の面談時間（回数）が多くなる。
⑦ 書類取寄せ	身分証明書 登記されていないことの証明書 法人事業税納税証明書 →郵送で取寄せ手続きを行う。1つの書類につき，取り寄せ準備時間を30分とすると，4	身分証明書 登記されていないことの証明書 法人事業税納税証明書 →郵送で取寄せ手続きを行う。1つの書類につき，取寄せ準備時間を30分とすると，4つ書類があることから，雑用時間を含め，	作業に差はなし。

	つ書類があることから，雑用時間を含め，3時間となる。	3時間となる。	
⑧ 書類作成・申請	1）書類作成 →今回は約20の書式に記載する必要がある。様式にバラつきはあるが，まずは１様式につき確認を含め，45分とすると，15時間かかることになる。 もっとも，その中には手間のかかる「工事経歴書，財務諸表，経営業務管理責任者証明書，定款」の４つの書類も含まれていることから，１つの書式につき１時間計４時間を上乗せすることとする。 　以上，計19時間となる。 2）申請できるように整理 →手引書に沿って行うことが必要となる。いかに役所の担当官が見やすいように配慮することができるかがポイントである。役所の指示どおり，書類をそろえたり，正本，副本，控え分のコピーをしたりするなど，思いのほか，手間がかかる作業である。再確認の時間も含めて，4時間とする。 3）役所への申請 →申請時間は順当にいけば待ち時間を含めて，2時間。それに役所への交通時間（便宜上，往復２時間とする）を加えて，計4時間とする。 以上より， 1）＋2）＋3）の 総合計時間は，27時間	1）書類作成 →今回は約20の書式に記載する必要がある。様式にバラつきはあるが，まずは１様式につき確認を含め，45分とすると，15時間かかることになる。 もっとも，その中には手間のかかる「工事経歴書，財務諸表，経営業務管理責任者証明書，定款」の４つの書類も含まれていることから，１つの書式につき１時間計４時間を上乗せすることとする。 さらに，その１の場合の書式に追加して，「実務経験証明書」の作成が必要となる。この書式は確認を含め，面倒な手続きとなるため，作成するための時間を2時間ほどかかるものとする。 以上，計21時間となる。 2）申請できるように整理 →手引書に沿って行うことが必要となる。いかに役所の担当官が見やすいように配慮することができるかがポイントである。役所の指示どおり，書類をそろえたり，正本，副本，控え分のコピーをしたりするなど，思いのほか，手間がかかる作業である。再確認の時間も含めて，4時間とする 3）役所への申請 →その２の申請時間については，実務経験の立証の点も含めて考えると，待ち時間を含めて３時間は必要なケースといえる。それに役所への交通時間（便宜上，往復２時間とする）を加えて，計5時間	

		とする。 以上より， 1）＋2）＋3）の 総合計時間は，$\boxed{\text{30時間}}$	
合計	$\boxed{\text{50時間}}$	$\boxed{\text{71時間}}$	

4-3　見積額を算出する

前述のように，見積額の算式は

「見積額＝業務遂行時間×各行政書士の時間単価＋立替費用等」

である。

(1)　業務遂行時間

事例その1の場合，50時間

事例その2の場合，71時間

(2)　各行政書士の時間単価

各自，自分で決める。

ここでは，1時間5,000円（消費税込（現在10％）で，5,500円）としておく。

(3)　立替費用等

立替費用等として考えられるものとして，役員が一人なので，

・身分証明書　例：1通400円（都道府県により異なる）

・登記されていないことの証明書　1通：300円

・法人事業税納税証明書　例：1通400円（都道府県により異なる）

・履歴事項全部証明書（登記簿謄本）1通600円×2社（計1,200円）

・閉鎖謄本　仮に2通として，1,200円（1通600円）

・建設業新規申請料　9万円

・交通費，通信費，コピー代等1万円

の合計10万3,500円

(4)　算　　出

①　事例その1の見積額

50時間（業務遂行時間）

×1時間5,500円（各行政書士の時間単価）

+10万3,500円（立替費用等）

37万8,500円

50時間×5,000円
（この部分が行政書
士の報酬となる）

②　事例その2の見積額

71時間（業務遂行時間）

×1時間5,500円（各行政書士の時間単価）

+10万3,500円（立替費用等）

49万4,000円

71時間×5,000円
（この部分が行政書
士の報酬となる）

(5)　減 額 調 整

見積額を算出しても，感覚的に金額が高いと感じるときがある。

特に，紹介者が存在する場合には，一定の配慮があった方が今後の仕事に有益な時もある。

この場合，見積書に，「減額調整」という項目を設けて，金額を調整することもあり得る。

Column 17
値決めは経営なり（稲盛和夫氏の著作より）

　京セラを立ち上げた稲盛和夫氏の書籍の中に，「値決めは経営」という言葉がよく出てきます。この意味を，行政書士業務にあてはめると，報酬額をいくらにするかは，まさに事務所経営そのものであるということを意味します。

　稲盛氏は，「『この値段なら結構です』とお客さんが喜んで買ってくれる最高の値段を見抜くこと」「これより安ければ，いくらでも注文が取れる。これより高ければ注文が逃げてしまう。そのぎりぎりの一点を射止めなければならない」とお話しになっています。

　昨今，値下げだけで仕事を獲得しようとする風潮が少なからずあります。稲盛氏の言葉は，安易な値下げ議論を吹き飛ばす，鋭い言葉です。

　今回，2種類の見積書を作成しましたが，まさに見積書は生き物の要素があります。「依頼者が喜んでくれ，かつ自分自身も経営者としての妥当な価格，そのぎりぎりの一点を見抜く努力をしなさい」ということだと私は理解しています。

4-4　見積書を作成する

以下のようなフォーマットを利用して，見積書を作成する。

(1) 「事例その1」の場合

記載例28　見積書（事例その1の場合）

見　積　書

（氏 名 又 は 名 称）　　**A株式会社　御中**

項　　　　　目	報酬額単価	時間	金　　額
建設業許可申請書作成・申請（新規）　←図表35⑧	5,000	27	135,000
常勤役員等の裏付け書類確認作業等←図表35①②	5,000	3	15,000
専任技術者裏付け書類確認作業　　　←図表35③	5,000	0	0
営業所の確認作業　　　　　　　　　←図表35④	5,000	2	10,000
財産的要件確認作業　　　　　　　　←図表35⑤	5,000	1	5,000
打ち合わせ等日当　　　　　　　　　←図表35⑥	5,000	14	70,000
書類取寄せ費用　　　　　　　　　　←図表35⑦	5,000	3	15,000
小　　　　計			250,000
消費税（10%）			25,000
合　　　　計（①）			275,000
役所手数料(新規)	90,000	1	90,000
交通費、通信費、コピー代等	10,000	1	10,000
身分証明書発行費用	400	1	400
登記なき事項証明書発行費用	300	1	300
納税証明書発行費用	400	1	400
履歴事項証明書発行費用	600	2	1,200
閉鎖登記簿謄本取寄費用	600	2	1,200
合　　　　計（②）			103,500
総　合　計（①+②）			**378,500**

上記のとおりお見積りいたしました。但し、別途、特別な事情により、総合計額に変更があることをお含みおきください。

令和5 年　5　月　○　日

> 事情が変われば金額
> も変わることをあら
> かじめ伝えておく

🏛 東京都行政書士会会員

〒　-　　東京都○○区・・・

菊池行政書士事務所

菊池　行政

行（職）

184

(2)　「事例その2」の場合

記載例29　見積書（事例その2の場合）

見　積　書

印紙税法第5条別表第1、17号の規定により非課税

（氏名又は名称）　**B株式会社　御中**

項　　目	報酬額単価	時間	金　額
建設業許可申請書作成・申請（新規）　←図表35⑧	5,000	30	150,000
常勤役員等の裏付け書類確認作業等←図表35①②	5,000	5	25,000
専任技術者裏付け書類確認作業　←図表35③	5,000	13	65,000
営業所の確認作業　←図表35④	5,000	2	10,000
財産的要件確認作業　←図表35⑤	5,000	0	0
打ち合わせ等日当　←図表35⑥	5,000	18	90,000
書類取寄せ費用　←図表35⑦	5,000	3	15,000
小　　計			355,000
消費税（10%）			35,500
合　　計（①）			390,500
役所手数料(新規)	90,000	1	90,000
交通費、通信費、コピー代等	10,000	1	10,000
身分証明書発行費用	400	1	400
登記なき事項証明書発行費用	300	1	300
納税証明書発行費用	400	1	400
履歴事項証明書発行費用	600	2	1,200
閉鎖登記簿謄本取寄費用	600	2	1,200
合　　計（②）			103,500
総　合　計（①＋②）			**494,000**

上記のとおりお見積りいたしました。但し、別途、特別な事情により、総合計額に変更があることをお含みおきください。

🌸東京都行政書士会会員　　令和5年　5月　○日

〒　-　東京都○○区・・・

菊池行政書士事務所

菊池　行政

行（職）

「事例その１」の請求書・領収書を作成する

「事例その１」の場合において，顧客に見積書を提示し，了承された後の
確認をする。

１．委任契約締結後，着手金の入金依頼と入金の確認。

　　この点については，Ｐ92で触れた。

２．書類返却の際，請求書を発行する。

　　その時の請求書は，「Ｐ187記載例30」の請求書となる。なお，着
　　手金は入金済みなので，精算した後に金額で請求している。

３．請求書を発行後，依頼者より入金の確認がとれたら，「Ｐ188記載例
　　31」の領収書を発行することになる。

記載例30　請求書（事例その1の場合）の記載例

請　求　書

印紙税法第5条別表
第1、17号の規定に
より非課税

（ 氏 名 又 は 名 称 ）　　Ａ株式会社　御中

項　　　　　　　　目	報酬額単価	時間	金　　　額
建設業許可申請書作成・申請（新規）　　←図表35⑧	5,000	27	135,000
常勤役員等の裏付け書類確認作業等←図表35①②	5,000	3	15,000
専任技術者裏付け書類確認作業　　←図表35③	5,000	0	0
営業所の確認作業　　　　　　←図表35④	5,000	2	10,000
財産的要件確認作業　　　　　←図表35⑤	5,000	1	5,000
打ち合わせ等日当　　　　　　←図表35⑥	5,000	14	70,000
書類取寄せ費用　　　　　　　←図表35⑦	5,000	3	15,000
小　　　　　計			250,000
消費税（10%）			25,000
合　　　計（①）			275,000
役所手数料(新規)	90,000	1	90,000
交通費、通信費、コピー代等	10,000	1	10,000
身分証明書発行費用	400	1	400
登記なき事項証明書発行費用	300	1	300
納税証明書発行費用	400	1	400
履歴事項証明書発行費用	600	2	1,200
閉鎖登記簿謄本取寄費用	600	2	1,200
合　　　計（②）			103,500
総　合　計（①＋②）			**378,500**
着手金（③ご入金額）			-189,250
総　合　計（①＋②－③）**(ご請求額)**			***189,250***

上記のとおりご請求いたします。下記の口座までお振込みください。　　　　　　令和5　年　5　月　○　日

```
●●銀行○○支店
普通預金　111111
行政書士 菊 池 行 政
```

🏵 東京都行政書士会会員

〒　－　　東京都○○区・・・

菊池行政書士事務所

菊池　行政

行（職

注）
既に委任契約で合意した金額の
半額分を入金してもらっている。
ここでは、その額を、全体の請
求金額から控除する。
控除後の金額が請求金額となる。

記載例31　領収書（事例その1の場合）の記載例

領　収　証

（ 氏 名 又 は 名 称 ）　　**A株式会社　御中**

項　　　　　目	報酬額単価	時間	金　　額
建設業許可申請書作成・申請（新規）　　←図表35⑧	5,000	27	135,000
常勤役員等の裏付け書類確認作業等←図表35①②	5,000	3	15,000
専任技術者裏付け書類確認作業　　　←図表35③	5,000	0	0
営業所の確認作業　　　　　　　　←図表35④	5,000	2	10,000
財産的要件確認作業　　　　　　　←図表35⑤	5,000	1	5,000
打ち合わせ等日当　　　　　　　　←図表35⑥	5,000	14	70,000
書類取寄せ費用　　　　　　　　　←図表35⑦	5,000	3	15,000
小　　　　計			250,000
消費税（10%）			25,000
合　　　計（①）			275,000
役所手数料(新規)	90,000	1	90,000
交通費、通信費、コピー代等	10,000	1	10,000
身分証明書発行費用	400	1	400
登記なき事項証明書発行費用	300	1	300
納税証明書発行費用	400	1	400
履歴事項証明書発行費用	600	2	1,200
閉鎖登記簿謄本取寄費用	600	2	1,200
合　　　計（②）			103,500
総　合　計（①＋②）			**378,500**

備　考　：	受託年月日	令和5	年	5	月	10	日
	請求年月日	令和5	年	6	月	○	日
	領収年月日	令和5	年	7	月	○	日

上記のとおり受領致しました。

東京都行政書士会会員

事務所所在地　　　　〒　-　　東京都○○区

事務所の名称　　　菊池行政書士事務所

行政書士氏名　　　菊　池　行　政

行（職）

188

4-5 ま と め

見積書のポイントをまとめてみる。

(1) 見積書には，次の３つの機能がある。

    ① 業務のボリュームを顧客に理解させる機能

    ② 顧客を選別する機能（報酬を支払う顧客か否か）

    ③ トラブル防止機能

(2) 見積書を計算する上で基礎となる業務遂行時間

    可能な限り，細分化する。

(3) 行政書士の１時間の単価

    自己の理想と現実との狭間で，さまざまなことを考慮して決定しなければならない。

    最初は低くならざるを得ないかもしれないが，「いつか効率的に業務を遂行して時給単価を上げる」という強い意志をもって業務に励んでほしい。

第5章 集客する

「業務知識なくして集客なし」である。

このことは，業務知識のない行政書士に依頼した顧客の不利益を考えるとわかると思う。

「集客」ありきではなく，まずは業務知識を身に付け，その後（若しくはそれと同時）に，「集客」方法を考え，実践するべきだ。

5-1　業務知識を向上させる

(1)　マンネリ化した先輩行政書士を超える

ほとんどの行政書士は建設業許可（経営事項審査，入札等）のみ行っている。

しかし，今や建設業界からの相談は，事業承継，会社の存続をかけた会社の合併，分割等のM＆Aなど多岐にわたる。

また，国は下請保護の観点から，下請代金アンケート調査を契機に立入調査等を行っている。その対策の相談もある。

建設業許可のみならず，このような法的アドバイスまで行えれば，「頼れる行政書士」として集客できるだろう。

さらに，近年のデジタル化の波を考えると，電子申請が主流になる。予想以上に電子申請のハードルは高く，細かい能力が要求され，脱落していく行政書士も少なからず出てくると思われる。

時代の波に合わせて，デジタルに強い行政書士になることも「頼れる行政書士」として不可欠となる。

(2)　許可取得に向けて最大限の努力

　面談をすると許可取得が難しいと思われるケースがよくある。そして「許可取得は難しい」と答えてしまう行政書士も多く見受けられる。

　しかし，本当に許可取得は難しいのか，さまざまな観点から見直す気概は必要である。

　たとえば，専任技術者の実務経験は原則10年であるが，その該当者がいなければ，会社から「従業員の学歴に関する情報」を提示してもらい，学歴要件によって実務経験を３年，５年に短縮できる従業員を探し出す努力も必要であろう。

　このような段階を踏んで，許可取得の可能性について回答ができるのである。調査なく判断するのは適切ではない。

　以上のような努力を惜しまない行政書士は，よい評判が立って集客につながるのである。

5-2　自分を知ってもらう

　「5-1」で業務知識の向上の重要性を説明した。次に集客方法について考えてみたい。

(1)　知人関係へのアプローチ

　まずは，知人に開業の挨拶をする。その後は，季節の折に「年賀状」「暑中見舞い」を送る。

　手紙に「行政書士である私があなた（知人）に何を提供できるのか」を，明記しておくこと。

(2)　他士業へのアプローチ

　弁護士，司法書士，税理士，社会保険労務士，土地家屋調査士等の他士業へのアプローチも大切である。

　但し，「プロは，アマチュアに頼むことはない。同様のプロに依頼する」ことを考えれば，まずは，十分な信頼関係の構築に努力すべきだろう。

(3)　不特定多数人へのアプローチ

　ホームページ・ブログ等を制作して，インターネット検索で，いかにして上位にランキングされるかに夢中になる者がいる。

　この点はあながち間違いとはいえないが，「仕事を依頼するときに，何も接点のない人に依頼するか」ということを考えてほしい。普通は依頼しないだろう。

　ホームページは"名刺代わり"程度に考えておいた方がよいだろう。一つひとつの仕事を丁寧かつ速やかに遂行していけば，自ずと紹介が紹介を呼び，不特定多数へのアプローチとなるはずだ。

第6章 典型事例ワーク

今まで述べてきたように，通常業務は以下の流れで進むことになる。

```
┌─────────────────────────┐
│     相談（聴き取り）      │
└─────────────────────────┘
            ↓
┌─────────────────────────┐
│  チェックリストＡＢへの書き込み  │
│    （情報を落とし込む）      │
└─────────────────────────┘
            ↓
┌─────────────────────────┐
│   申請書作成・確認資料等収集    │
└─────────────────────────┘
            ↓
┌─────────────────────────┐
│      役所へ申請          │
└─────────────────────────┘
```

したがって，相談者からの聴き取り・申請書等作成への橋渡しとなるチェックリストの作成が極めて重要となる。

そこで，ここでは参考までに，典型事例（3つ）とそのチェックリストＡＢの記載例を挙げておく。

皆さんには，まずは，自力で事例の内容を解析（前述の聴き取り箇所にあたる）した上で，チェックリストの作成に励んでいただきたい。なお，すべての事例において裏付けとなる資料は準備できることを前提とする。

6-1　個人事業主の場合

① 　Ｅさんは，外注を使って，個人事業主として内装業を営んでいたが，この頃，元請・下請業者から「建設業の許可をとってほしい」と言われ，令和５年１月に，個人事業主として，一般・知事許可の取得を考えている。

② 　Ｅさんは，建設業許可を持たずに，個人事業主として経営経験が10年以上ある（令和４年12月まで）。

③ 　Ｅさんは資格を持っていないが，個人事業主として，内装工事に関する実務経験を10年以上有している。Ｅさん自身は，建築学科等と関係のない普通高校を卒業している。

④ 　Ｅさんは，個人事業主として，毎年，確定申告（事業所得）を行ってきた。

⑤ 　営業所：Ｅさんの自宅の一室（生活空間とは分離している）。

⑥ 　残高証明書に必要な500万円については問題なく，準備できる。

⑦ 　Ｅさんは，社会保険に加入していない。従業員はいない。

図表35◆チェックリストＡ（許可要件等確認）

```
┌─────────────────────────────────────────────────┐
│        │ チェックリストＡ │ （許可要件等確認）        │
```

①より

1.
(1) 会社名：Ｅ内装（個人事業主）
(2) 「一般」か「特定」か：一般
(3) 「知事許可」か「大臣許可」か：知事許可
(4) 取得したい許可業種：内装工事
(5) 企業形態（個人か法人か）　個人：謄本・定款等目的欄の記載確認
(6) 業歴（年数）：10年以上　　工事内容：内装
(7) 資本金
(8) 従業員等使用人の人数：1人
(9) 決算日：12月末
2.「人材」要件
(1) 社長，役員，技術者等の経験について

②より

③より

⑦より

	経営経験	該当資格	実務年数	学歴	注
役員Ｅ（社長）	○10年以上				
役員					
技術者Ｅ		×	○10年以上	×	

(2) 役員・従業員は社会保険に加入しているか？（現在の常勤性の確認）
　　いいえ，従業員4人以下の個人事業主は適用除外事業所（直近の確申で証明）
(3) 実務経験期間の常勤性確認書類があるか？（過去の常勤性の確認）
　　はい。10年分の確申で。
3.「施設」（営業所）要件

③より

(1) 使用権限について
① 申請者が「個人」の場合
　イ）営業所の場所は，個人の住民票上の住所と同じか？　(はい・いいえ)

⑤より

　　　→「いいえ」の場合，当該場所は自己所有か？
　　　　　　→自己所有：当該営業所の建物の登記簿謄本等で証明できるか？
　　　　　　→自己所有でない：使用貸借契約，賃貸借契約の締結しているか？
　　　　　　　　その際，上記契約の使用目的欄は「事務所」と記載されているか？
② 申請者が「法人」の場合
　イ）営業所の場所は，登記上の所在地と同じか？（はい・いいえ）
　　　→「いいえ」の場合，当該場所は，自社所有のものか？（はい・いいえ）

→はい：当該営業所の建物の登記簿謄本等で証明できるか？（　　　）
→いいえ：使用貸借契約，賃貸借契約の締結しているか？（　　　）
上記契約の使用目的欄は「事務所」と記載されているか？（　　　）

(2) 「状態」について

- ☑ 建物外観・入口の看板・標識等から建設業の営業所の確認が可能か
- ☑ ポスト（郵便受け）があるか
- ☑ 「独立性」（居住部分，他法人または他の個人事業主とは間仕切り等で明確に区分されるなど。事務所内のレイアウトの確認）
- ☑ 「事務所の形態」（電話，机，ＰＣ関連，ＦＡＸ機，各種事務台帳等を備えるなど）をなしているか
- ☑ 契約の締結等ができるスペースを有しているか

(3) 社会保険適用事業所になっているか？（例外に該当するか？）　はい

4.「財産」要件

(1) 直前の決算において，貸借対照表の自己資本額（純資産額。資産額から負債額を差し引いた額）が500万円以上あるか（決算未到来の場合は開始貸借対照表）？　×
→純資産額が500万円以上ない場合
金融機関から500万円以上の預貯金残高証明書（残高証明書）の入手は可能か？　はい

5．その他

(1) 「所属建設業団体」はあるか？　なし
(2) 「主要取引先銀行」はどこか？　〇〇信用金庫

以上

図表36◆チェックリストB（経営経験・実務経験）

②より

③より ‖ 確定申告書で立証

| チェックリストB | （経営経験・実務経験年数について） |

年数	年度	常勤役員等				専任技術者				メモ
		~~謄本~~	確申	請求書等	通帳	~~資格証~~	請求書等	通帳	常勤性	
1	R4		○	○	○		○	○	○	
2	R3		○	○	○		○	○	○	
3	R2		○	○	○		○	○	○	
4	H31,R1		○	○	○		○	○	○	
5	H30		○	○	○		○	○	○	
6	H29						○	○	○	
7	H28						○	○	○	
8	H27						○	○	○	
9	H26						○	○	○	
10	H25						○	○	○	
11										
12										
13										
14										
15										
16										
17										
18										
19										
20										

５年の経営経験，請求等は請負であることがわかることが必要。特に「人工」での記載は×。

10年間の実務経験

常勤役員等と専技を兼ねる場合，証明書類はダブることが多い。

前述のチェックリストの時点とは異なり年度を新しい順に記載した。人によっては，こちらの場合がわかりやすいかもしれない。

◆自社証明のみで済む場合

☑自社の上記期間の請負契約書or注文書と注文請書or請求書等
☑請求書等に対応する通帳の原本
☑確定申告書（経営５年分，専技10年分）
☑実務経験期間の常勤性を証明できる書類

◆他社証明が必要な場合

□該当の他社は，経験者の在籍時に建設業許可業者であったか？

はい→役所にて許可番号・許可取得保持期間を確認。

いいえ→原則：他社に以下の書類の準備をお願いできるか（協力を得られるか）？

□他社から実務経験証明書による証明をしてもらう

□上記期間の他社の請負契約書or注文書と注文請書or請求書等

□請求書等に対応する通帳の原本

例外：他社の協力が得られないことに正当性がある場合（他社の解散，破産等）には，経験を積んだ当時の会社の取締役または本人の証明で対応。ただし，役所に事前相談が望ましい。

□実務経験期間の常勤性を確認できる書類

確定申告書10年分（第1面，第2面）

6-2 株式会社の場合（1）

事例⑤ 資格者がいる法人

① 令和5年1月に，Aさんが立ち上げた株式会社A（役員一人）。

外注を使って，内装業を営んでいる。この頃，元請・下請業者から「建設業の許可をとってほしい」と言われている。そこで一般・知事許可の取得を考えている。

② Aさんは，建設業許可（内装業）を取得していた会社（B株式会社）にて役員経験が10年以上ある（令和4年12月まで）。

③ Aさん自身が，2級建築施工管理技士（仕上げ）の資格を保有している。

④ 営業所：登記簿上の所在地。そこには会社のみ。

⑤ 開始貸借対照表にて，資本金が500万円（決算日は未到来）。

⑥ Aさんは，自社の社会保険に加入している。

（ワンポイント・アドバイス）

　事例としては，

・経営経験の立証は，許可業者であるＢ株式会社の証明により認められること

・Ａさんには資格があることから，実務経験の立証が不要なこと

・開始貸借対照表で資本金500万円であることから（決算未到来），残高証明書
　の縛り（残高証明書発行から１か月以内に申請する必要等）がないこと

などから，ＡさんとＢ株式会社との関係が良好であれば，Ａさんの許可取得へ
の展望は見えている事例といえる。

①
より

②
より

③
より

④
より

⑤
より

⑥
より

| チェックリストＡ | （許可要件等確認） |

1.
(1) 会社名：**株式会社Ａ**
(2) 「一般」か「特定」か：**一般**
(3) 「知事許可」か「大臣許可」か：**知事許可**
(4) 取得したい許可業種：**内装工事**
(5) 企業形態（個人か法人か）　**法人**：謄本・定款等目的欄の記載確認　**OK**
(6) 業歴（年数）：**10年以上**　工事内容：**内装**
(7) 資本金：**500万円**
(8) 従業員等使用人の人数：**1人**
(9) 決算日：**未到来**

2.「人材」要件
(1) 社長，役員，技術者等の経験について

	経営経験	該当資格	実務年数	学歴	注
役員Ａ（社長）	○10年以上				
役員					
技術者Ａ		○			

(2) 役員・従業員は社会保険に加入しているか？（現在の常勤性の確認）**はい**
(3) 実務経験期間の常勤性確認書類があるか？（過去の常勤性の確認）**不要**

3.「施設」（営業所）要件
(1) 使用権限について
　① 申請者が「個人」の場合
　　イ）営業所の場所は，個人の住民票上の住所と同じか？（はい・いいえ）
　　　→「いいえ」の場合，当該場所は自己所有か？
　　　　　→自己所有：当該営業所の建物の登記簿謄本等で証明できるか？
　　　　　→自己所有でない：使用貸借契約，賃貸借契約の締結しているか？
　　　　　　その際，上記契約の使用目的欄は「事務所」と記載されているか？
　② 申請者が「法人」の場合
　　イ）営業所の場所は，登記上の所在地と同じか？（（はい）・いいえ）
　　　→「いいえ」の場合，当該場所は，自社所有のものか？（はい・いいえ）
　　　　　→はい：当該営業所の建物の登記簿謄本等で証明できるか？（　　　）

　　　　　→いいえ：使用貸借契約，賃貸借契約の締結しているか？（　　　）
　　　　　　　上記契約の使用目的欄は「事務所」と記載されているか？（　　　）
　(2)　「状態」について
　　　☑　建物外観・入口の看板・標識等から建設業の営業所の確認が可能か
　　　☑　ポスト（郵便受け）があるか
　　　☑　「独立性」（居住部分，他法人または他の個人事業主とは間仕切り等で明
　　　　確に区分されるなど。事務所内のレイアウトの確認）
　　　☑　「事務所の形態」（電話，机，ＰＣ関連，ＦＡＸ機，各種事務台帳等を備
　　　　えるなど）をなしているか
　　　☑　契約の締結等ができるスペースを有しているか
　(3)　社会保険適用事業所となっているか？（例外に該当するか？）　はい
４．「財産」要件
　(1)　直前の決算において，貸借対照表の自己資本額（純資産額。資産額から負債
　　額を差し引いた額）が500万円以上あるか（決算未到来の場合は開始貸借対照
　　表）？　**はい。決算未到来の場合は開始貸借対照表にて純資産額が500万円あ**
　　るから。
　　　→純資産額が500万円以上ない場合
　　　金融機関から500万円以上の預貯金残高証明書（残高証明書）の入手は可能
　　か？
５．その他
　(1)　「所属建設業団体」はあるか？　**なし**
　(2)　「主要取引先銀行」はどこか？　**〇〇信用金庫〇〇支店**
　　　　　　　　　　　　　　　　　　　　　　　　　　　　　　　　以上

⑤
より

②より　③より

| チェックリストB | （経営経験・実務経験年数について） |

年数	年度	経営業務管理責任者				専任技術者				メモ
		謄本	確申	請求書等	通帳	資格証	請求書等	通帳	常勤性	
1	R4	↑				○				社保加入済
2	R3									
3	R2									
4	H31,R1									
5	H30									
6	H29	↓								
7	H28									
8	H27									
9	H26									
10	H25									
11										
12										
13										
14										
15										
16										
17										
18										
19										
20										

前職のＢ株式会社が許可業のため不要

確認しやすいように年度を遡る形で記載した

◆自社証明のみで済む場合

　□自社の上記期間の請負契約書or注文書と注文請書or請求書等
　□請求書等に対応する通帳の原本
　□確定申告書
　□実務経験期間の常勤性を確認できる書類

◆他社証明を含む場合

☑該当の他社は，経験者の在籍時に建設業許可業者であったか？

はい→役所にて許可番号・許可取得保持期間を確認。

いいえ→原則：他社に以下の書類の準備をお願いできるか（協力を得られる
　　　　　　か）？

□他社から申請書（証明書）に代表印等の印鑑を押印してもらう

□上記期間の他社の請負契約書or注文書と注文請書or請求書等

□請求書等に対応する通帳の原本

例外：他社の協力が得られないことに正当性がある場合（他社の解散，
　　　破産等）には，経験を積んだ当時の会社の取締役または本人の
　　　証明で対応。ただし，役所に事前相談が望ましい。

□実務経験期間の常勤性を確認できる書類　**不要**

6-3　株式会社の場合（2）

事例 ⑥　資格者がいない法人

① 令和5年1月に，Cさんが立ち上げた株式会社C（役員一人）。

外注を使って，内装業を営んでいる。この頃，元請・下請業者から
「建設業の許可をとってほしい」と言われている。そこで一般・知事許
可の取得を考えている。

② Cさんは，建設業許可を持っていない建設会社（D株式会社）にて役
員経験が10年以上ある（令和4年12月まで）。

③ Cさんは資格を持っていないが，前述のD株式会社で，役員時代を含
め，内装の工事に関する実務経験を10年以上有している。

④ Cさんは，前述のD株式会社では，社会保険に加入していた。

⑤ 営業所：登記簿上の所在地とは別の近所の場所を営業所としている。

⑥ 開始貸借対照表にて，資本金が50万円（決算日は未到来）。

現在，○○信用金庫に融資の依頼をしている。

⑦Cさんは，自社の社会保険に加入している。

（ワンポイント・アドバイス）

　Cさんの経営経験・実務経験は，許可を持っていないD株式会社から，契約書，注文書・注文請書，請求書・通帳等の裏付け資料を借りてくることができるかによる。そこで，CとD株式会社との関係が良好か，協力的か，協力的だとしても，会社の内部資料をどこまで貸してくれるのかなど，クリアすべき課題は多い。

　その点で，許可を取得するには困難な事例の一つといえる。

　もっとも，正当な理由があれば，D株式会社の協力なくして，Cの自己証明によって，立証が可能な場合がある。しかし，正当な理由の考え方は，役所によっても異なることから，事前に役所に相談するなど，慎重に手続きを進めていく必要がある。

図表43◆チェックリストA（許可要件等確認）

①より

⑥より

②より

③より

⑦より

④より

⑤より

```
┌─────────────────────────────────┐
│ チェックリストA │ （許可要件等確認）
└─────────────────────────────────┘
```

1.
(1) 会社名：**株式会社C**
(2) 「一般」か「特定」か：**一般**
(3) 「知事許可」か「大臣許可」か：**知事許可**
(4) 取得したい許可業種：**内装工事**
(5) 企業形態（個人か法人か）　**法人**：謄本・定款等目的欄の記載確認　**OK**
(6) 業歴（年数）：**10年以上**　　工事内容：**内装**
(7) 資本金：**50万円**
(8) 従業員等使用人の人数：**1人**
(9) 決算日：**未到来**

2.「人材」要件
(1) 社長，役員，技術者等の経験について

	経営経験	該当資格	実務年数	学歴	注
役員C（社長）	○10年以上				
役員					
技術者C		×	○10年以上	×	

(2) 役員・従業員は社会保険に加入しているか？（現在の常勤性の確認）**はい**
(3) 実務経験期間の常勤性確認書類があるか？（過去の常勤性の確認）
　　はい。加入記録。

3.「施設」（営業所）要件
(1) 使用権限について
　① 申請者が「個人」の場合
　　イ）営業所の場所は，個人の住民票上の住所と同じか？（はい・いいえ）
　　　→「いいえ」の場合，当該場所は自己所有か？
　　　　→自己所有：当該営業所の建物の登記簿謄本等で証明できるか？
　　　　→自己所有でない：使用貸借契約，賃貸借契約の締結しているか？
　　　　　　その際，上記契約の使用目的欄は「事務所」と記載されているか？
　② 申請者が「法人」の場合
　　イ）営業所の場所は，登記上の所在地と同じか？（はい・**いいえ**）
　　　→「いいえ」の場合，当該場所は，自社所有のものか？（はい・**いいえ**）
　　　　→はい：当該営業所の建物の登記簿謄本等で証明できるか？（　　）
　　　　→**いいえ**：使用貸借契約，賃貸借契約の締結しているか？（はい）

　　　　　　　上記契約の使用目的欄は「事務所」と記載されているか？（はい）
　(2)　「状態」について
　　　☑　建物外観・入口の看板・標識等から建設業の営業所の確認が可能か
　　　☑　ポスト（郵便受け）があるか
　　　☑　「独立性」（居住部分，他法人または他の個人事業主とは間仕切り等で明
　　　　確に区分されるなど。事務所内のレイアウトの確認）
　　　☑　「事務所の形態」（電話，机，ＰＣ関連，ＦＡＸ機，各種事務台帳等を備
　　　　えるなど）をなしているか）
　　　☑　契約の締結等ができるスペースを有しているか
　(3)　社会保険適用事業所となっているか？（例外に該当するか？）　はい
4．「財産」要件

⑥より

(1)　直前の決算において，貸借対照表の自己資本額（純資産額。資産額から負債
　　額を差し引いた額）が500万円以上あるか（決算未到来の場合は開始貸借対照
　　表）？　なし。
　　　→純資産額が500万円以上ない場合
　　　　金融機関から500万円以上の預貯金残高証明書（残高証明書）の入手は可能
　　か？　はい。通常は難しい融資であるが，一部につき〇〇信用金庫から融資を
　　受けることが可能。
5．その他
　(1)　「所属建設業団体」はあるか？　なし
　(2)　「主要取引先銀行」はどこか？　〇〇信用金庫〇〇支店
　　　　　　　　　　　　　　　　　　　　　　　　　　　　　　　　　以上

図表40◆チェックリストB（経営経験・実務経験）

②より

③より

厚生年金
加入記録
で立証

| チェックリストB | （経営経験・実務経験年数について） |

年数	年度	常勤役員等				専任技術者				メモ
		謄本	確申	請求書等	通帳	資格証	請求書等	通帳	常勤性	
1	R4			○	○		○	○		
2	R3			○	○		○	○		
3	R2			○	○		○	○		
4	H31, R1			○	○		○	○		
5	H30			○	○		○	○		
6	H29						○	○		
7	H28						○	○		
8	H27						○	○		
9	H26						○	○		
10	H25						○	○		
11										
12										
13										
14										
15										
16										
17										
18										
19										
20										

5年の経営経験，請求等は請負であることがわかることが必要。特に「○人工」での記載は×。

10年間の実務経験

経営と専技を兼ねる場合，証明書類はダブることが多い。

確認しやすいように年度を遡る形で記載した

◆自社証明のみで済む場合

□自社の上記期間の請負契約書or注文書と注文請書or請求書等
□請求書等に対応する通帳の原本
□確定申告書
□実務経験期間の常勤性を証明できる書類

◆他社証明が必要な場合

□該当の他社は，経験者の在籍時に建設業許可業者であったか？

　はい→役所にて許可番号・許可取得保持期間を確認。

　いいえ→原則：他社に以下の書類の準備をお願いできるか（協力を得られる
　　　　　　　　か）？　**はい**

　　　　　☑他社から申請書（証明書）に代表印等の印鑑を押印してもらう

　　　　　☑上記期間の他社の請負契約書or注文書と注文請書or請求書等

　　　　　☑請求書等に対応する通帳の原本

　　　　例外：他社の協力が得られないことに正当性がある場合（他社の解散,
　　　　　　　破産等），経験を積んだ当時の会社の取締役または本人の証明
　　　　　　　で対応。ただし，役所に事前相談が望ましい。

□実務経験期間の常勤性を確認できる書類　**厚生年金加入記録で立証**

Column 18
行政書士は，信用金庫とどのように関わりを持てばいいのか

　信用金庫は，メガバンクと異なり，地域に密着した金融機関です。地域の身近な存在である行政書士としては，良好な関係を築きたいものです。

　信用金庫が何を望んでいるかを考えていくと，おのずと良好な関係をつかめるきっかけになると考えます。

　信用金庫としては以下の3つを望んでいます。

①　預金額を上げること

②　融資率を向上させること

③　顧客サービスを充実させること

　それに対して行政書士は，①，②に関しては優良な顧客をご紹介することができますし，③に関しては信用金庫のサービスの一貫としての顧客の相談（遺言・相続，建設業を含む許認可等）応じることができます。

　すなわち，これらの相談について的確に応じることができれば，信頼関係を構築することができると思うのです。

　特に許認可については，遺言・相続等と異なり，他の士業では対応でき

ない相談なので，希少価値があります。この知見を信用金庫に提供することで，お互いの強みを共有し，共存していくことができるのではないでしょうか。

第7章 実務に役立つ資料

実務に役立つ資料について紹介する。

実際に手続きをする上で役立つのは「役所の手引書」である。

その役所の手引書を，以下に紹介する基本書やコンメンタール（建設業法の条文解説），法令集で補うのが，実務感覚を養う一番の近道である。

7-1 役所の手引書

(1) 各都道府県のもの

役所に出向いて入手するか，ホームページからダウンロードする。

(2) 国交省・各都道府県の資料

① 国土交通省から入手すること

イ) 建設業許可事務ガイドライン

ロ) 監理技術者制度運用マニュアル

ハ) 一括下請負の禁止について

ニ) 発注者・受注者間における建設業法令遵守ガイドライン

ホ) 元請負人と下請負人における建設業法令遵守ガイドライン

ヘ) 建設業者の不正行為等に対する監督処分の基準

ト) 建設業法に基づく適正な施行体制と配置技術者

② 各都道府県のホームページにて確認すること

インターネットで「都道府県名　建設業許可申請」と検索すると1番目若しくは上位に役所のホームページを見つけることができる。

7-2 書　　籍

(1) 基　本　書

『新しい建設業法遵守の手引』（建設業適正取引推進機構　大成出版社）

『建設業の許可の手引き』（建設業許可行政研究会　大成出版社）

『建設業許可Ｑ＆Ａ』（一般社団法人全国建行協　日刊建設通信新聞社）

(2) コンメンタール

『逐条解説　建設業法解説』（建設業法研究会　大成出版社）

『逐条解説建設業法』（山口康夫　新日本法規出版）

(3) 法　令　集

『建設業関連法令集』（建設業法研究会　大成出版社）

(4) 財務諸表関連

『わかりやすい建設業の会計実務』（建設工業経営研究会　大成出版社）

『建設業会計提要』（建設工業経営研究会　大成出版社）

『建設業会計実務ハンドブック』（（財）建設業振興基金・建設業経理研究会

編著　建設産業経理研究所）

(5) 建設業界を知る

『建設業界の動向とカラクリがよくわかる本』（阿部　守　秀和システム）

建設通信新聞

日刊建設工業新聞

(6)　参　考　書

①　相 談 技 法

『司法書士の法律相談』（編集代表　加藤新太郎　第一法規）（第1編，第2編）

②　経営について

『高収益企業のつくり方』（稲盛和夫　日本経済新聞社）

『アメーバ経営』（稲盛和夫　日本経済新聞社）

7-3　参考資料

① 　資料1「建設業許可業者数調査の結果について（概要）－建設業許可業者の現況（令和4年5月9日）」より「許可業者数・新規及び廃業等業者数の推移」（国土交通省　不動産・建設経済局建設業課作成）

② 　資料2「技術者の資格表」（東京都都市整備局市街地建築部建設業課作成　令和4年度建設業許可申請変更の手引　P68〜69より）

③ 　資料3「登録基幹技能者について」（東京都都市整備局市街地建築部建設業課作成　令和4年度建設業許可申請変更の手引　P70より）

④ 　資料4「指定学科」表（東京都都市整備局市街地建築部建設業課作成　令和4年度建設業許可申請変更の手引　P67より）

⑤ 　資料5「請求書・領収書モデル」（東京都行政書士会総務部所管様式）
　　　※消費税インボイス制度の開始に伴い変更の可能性あり

業者数（新規・廃業等）

図１：許可業者数・

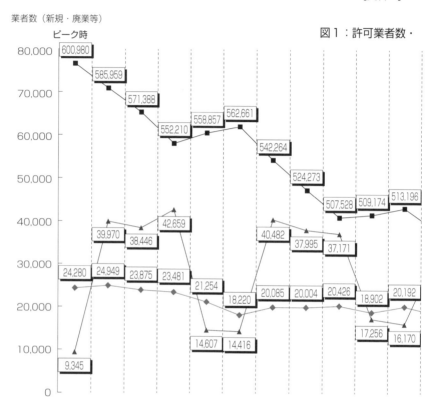

	平成11年度	12年度	13年度	14年度	15年度	16年度	17年度	18年度	19年度	20年度	21年度
許可業者数	600,980	585,959	571,388	552,210	558,857	562,661	542,264	524,273	507,528	509,174	513,196
新規業者数	24,280	24,949	23,875	23,481	21,254	18,220	20,085	20,004	20,426	18,902	20,192
廃業等業者数	9,345	39,970	38,446	42,659	14,607	14,416	40,482	37,995	37,171	17,256	16,170
年度間増減	14,935	-15,021	-14,571	-19,178	6,647	3,804	-20,397	-17,991	-16,745	1,646	4,022

※ 許可業者数については各年度末（３月末時点）の数，新規業者数，廃業等業者数については各年度の数を表す。

新規及び廃業等業者数の推移

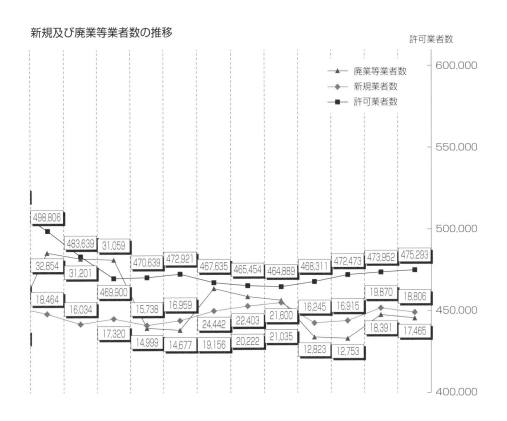

許可業者数

	22年度	23年度	24年度	25年度	26年度	27年度	28年度	29年度	30年度	令和1年度	令和2年度	令和3年度
	498,806	483,639	469,900	470,639	472,921	467,635	465,454	464,889	468,311	472,473	473,952	475,293
	18,464	16,034	17,320	15,738	16,959	19,156	20,222	21,035	16,245	16,915	19,870	18,806
	32,854	31,201	31,059	14,999	14,677	24,442	22,403	21,600	12,823	12,753	18,391	17,465
	-14,390	-15,167	-13,739	739	2,282	-5,286	-2,181	-565	3,422	4,162	1,479	1,341

【資料２】

技術者の資格（資格・免許及びコード番号）表

実務経験のみによる者は不可

建設業の種類

資格区分及びコード番号					資格者証

電気通信事業法：電気通信主任技術者（資格者証交付後実務経験五年以上）

工事担任者（資格者証交付後実務経験三年以上）

民間資格：
- 合格証明書・登録証・資格者証：解体工事施工技士（登録後解体工事に関する実務経験一年以上）
- 認定証明書・認定証：地すべり防止工事士（登録後地すべり防止工事に関する実務経験一年以上）
- 認定証・合格証書・登録証：建築設備士（資格取得後建築設備に関する実務経験一年以上）
- 技術審査証明書「合格証書」・合格証・合格証書：給水装置工事主任技術者（免状交付後給水装置工事に関する実務経験一年以上）

免状：

水道法

消防法：消防設備士試験（甲種／乙種）

工事担任者資格者証は、「第一級アナログ通信及び第一級デジタル通信の両方」又は「総合通信」に限る。

鉄筋施工は、選択科目「鉄筋施工図作成作業」及び「鉄筋組立て作業」に合格したもののみ

職業能力開発促進法
（旧・職業能力訓練促進法）

合格証書

検定職種（等級区分が２級のものは、合格後３年以上（平成16年3月31日以前の合格者は1年以上）の実務経験）

甲種 消防設備士
乙種 消防設備士

対：型枠施工・コンクリート圧送施工・ウェルポイント施工・冷凍空気調和機器施工・配管・建築板金・築炉・ガス溶接・石工・れんが・タイル・ブロック工事・建具製作・かわらぶき・左官・板金・塗装・防水施工・内装仕上げ施工・熱絶縁施工・サッシ施工・鉄工・建築大工・型枠大工・金属屋根施工・とび・さく井・配管（建築配管作業、プラント配管作業）・鉄筋施工（鉄筋施工図作成作業、鉄筋組立て作業）・建築板金（内外装板金作業、ダクト板金作業）・石材施工（石材加工作業、石張り作業）・建築大工・かわらぶき・とび・コンクリート圧送施工・ウェルポイント施工・れんが積み・ブロック建築・タイル張り・畳製作・防水施工・石工・築炉・型枠施工・鉄筋組立て・コンクリート圧送施工・塗装（建築塗装作業、金属塗装作業、噴霧塗装作業）・路面標示施工

等級区分なく、実務経験不要

実務経験は、土工事に関するものに限る。

検定職種「とび・とび工」の実務経験は、とび工事に関するもの。「コンクリート圧送施工」の実務経験はコンクリート工事に関するものに限る。

その他（大臣特別認定等）

資格区分及びコード番号					その他

建設業の種類

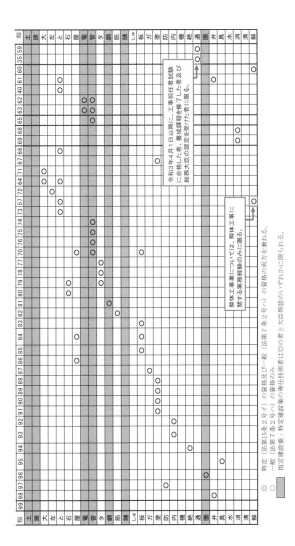

資格区分及びコード番号 / 建設業の種類

実務経験のみによる者は不可

資格区分及びコード番号		建設業の種類
建設業法「技術検定」	合格証明書	一級建設機械施工技士
		二級建設機械施工技士(第一種～第六種)
		一級土木施工管理技士
		二級土木施工管理技士 種別 土木・鋼構造物塗装・薬液注入
		一級建築施工管理技士
		二級建築施工管理技士 種別 建築・躯体・仕上げ
		一級電気工事施工管理技士
		二級電気工事施工管理技士
		一級管工事施工管理技士
		二級管工事施工管理技士
		一級電気通信工事施工管理技士
		二級電気通信工事施工管理技士
		一級造園施工管理技士
		二級造園施工管理技士
建設業法「登録基幹技能者講習」	講習修了証	登録基幹技能者
建築士法「建築士試験」	免許証明書又は免許証又は免許証明又	一級建築士
		二級建築士
		木造建築士

このほか、旧規則(改正前の技術士法施行規則)による部門・選択科目

技術士法「技術士試験」 / 登録証

選択科目があるものは、登録証の他に「合格証明書」を添付すること。

第一部門、「選択科目」が配付されている「選択科目」

建設・総合技術監理(建設) 鋼構造及びコンクリート
農業「農業土木」・総合技術監理(農業「農業土木」)
電気電子・総合技術監理(電気電子)
機械「流体工学」又は「熱・動力エネルギー機器」・総合技術監理(機械「流体工学」又は「熱・動力エネルギー機器」)
水産「水産土木」・総合技術監理(水産「水産土木」)
上下水道・総合技術監理(上下水道)
上下水道「上水道及び工業用水道」・総合技術監理(上下水道「上水道及び工業用水道」)
森林「森林土木」・総合技術監理(森林「森林土木」)
衛生工学・総合技術監理(衛生工学)
衛生工学「水質管理」・総合技術監理(衛生工学「水質管理」)
衛生工学「廃棄物処理」又は「廃棄物・資源循環」・総合技術監理(衛生工学「廃棄物処理」又は「廃棄物・資源循環」)

旧電気工事士法による従来の電気工事士免状は第二種電気工事士免状とみなされる。

資格区分及びコード番号		建設業の種類
電気工事士法「電気工事士試験」	免状	第一種電気工事士
		第二種電気工事士(免状交付後実務経験三年以上)
		電気主任技術者 一級・二級・三種(免状交付後実務経験五年以上)

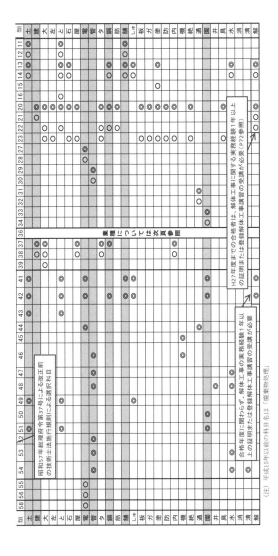

（注）平成15年以前の科目名は「廃棄物処理」

[資料3]
(新様式)

10 登録基幹技能者について

建設業法施行規則及び施工技術検定規則の一部を改正する省令（平成29年国土交通省令第67号）により、許可を受けようとする建設業の種類に応じて国土交通大臣が認める登録基幹技能者については、平成30年4月1日以降主任技術者の要件を満たすこととされました。

登録基幹技能者が主任技術者要件を満たしているか否かについては、講習修了証において、「実務経験を有する建設業の種類」について建設業法第26条第1項に定める主任技術者の要件を満たすと認められることが記載されていることで、確認を行います。

なお、平成30年4月1日前に交付された講習修了証もあるため、ページ下段の表を参考にしていることを確認できる講習もあるため、ページ下段の表を参考にしてください。

（登録基幹技能者講習の科目）講習修了証

修了証番号　第　　　　号
氏　名（生年月日　　年　月　　日）
実務経験を有する建設業の種類：

上記の者は、建設業法施行規則第18条の3第2項第2号の登録基幹技能者講習を修了した者について、建設業法第26条第1項の主任技術者の要件を満たす者であると認められます。

修了年月日　　年　月　　日
有効期限　　　年　月　　日
（登録基幹技能者講習実施機関の名称）　　　印

> この者は、（建設業の種類）について、建設業法第26条第1項の主任技術者の要件を満たす者であると認められます。

> この記載が必要になります（ページ下の表参照）。また、複数業種を証明する場合は、その全てについて併記が必要です。

資格区分及びコード番号／建設業の／基幹技能者

◇ 登録電気工事基幹技能者
◇ 登録橋梁基幹技能者
◇ 登録造園基幹技能者
◇ 登録コンクリート圧送基幹技能者
◇ 登録防水基幹技能者
◇ 登録トンネル基幹技能者
◇ 登録建設塗装基幹技能者
◇ 登録左官基幹技能者
◇ 登録機械土工基幹技能者
◇ 登録海上起重基幹技能者
◇ 登録PC基幹技能者
◇ 登録鉄筋基幹技能者
◇ 登録圧接基幹技能者
◇ 登録型枠基幹技能者
◇ 登録配管基幹技能者
◇ 登録鳶土工基幹技能者
◇ 登録切断穿孔基幹技能者
◇ 登録内装仕上工事基幹技能者
◇ 登録サッシ・カーテンウォール基幹技能者
◇ 登録エクステリア基幹技能者
◇ 登録建築板金基幹技能者
◇ 登録外壁仕上基幹技能者
◇ 登録ダクト基幹技能者
◇ 登録保温保冷基幹技能者
◇ 登録グラウト基幹技能者
◇ 登録冷凍空調基幹技能者
◇ 登録運動施設基幹技能者
◇ 登録標識・路面標示基幹技能者
◇ 登録消火設備基幹技能者
◇ 登録建築大工基幹技能者
◇ 登録仮設基幹技能者
◇ 登録ALC基幹技能者
◇ 登録土工基幹技能者
◇ 登録解体基幹技能者
◇ 登録圧入工事基幹技能者

登録基幹技能者の有資格コードは、全業種共通で「36」になります。基幹技能者講習と主任技術者として認められる建設業の種類については、以下のとおりです。また、取得できる許可は一般（法第7条2号イ）のみとなります

種類	大	左	と	石	屋	電	管	タ	鋼	筋	舗	しゅ	板	ガ	塗	防	内	絶	通	園	具	消	解
大	○																						
左		○																					
と			○																				
石				○																			
屋					○																		
電						○																	
管							○																
タ								○															
鋼									○														
筋										○													
舗											○												
しゅ												○											
板													○										
ガ														○									
塗															○								
防																○							
内																	○						
絶																		○					
通																			○				
園																				○			
具																					○		
消																						○	
解																							○

※平成30年4月1日前に交付された講習修了証（旧様式）でも、主任技術者の要件を満たしていることを確認できる講習修了証を有している者は、主任技術者の要件を満たしている。当該講習修了証に記載された実務経験について、当該講習修了証の要件であっても主任技術者の要件を満たしていると確認できる。なお、登録機械土工基幹技能者講習、登録PC基幹技能及び登録建設機械施工登録基幹技能者講習については、「土木工事業」においても実務経験を満たしていると認められることから、主任技術者の要件として実務経験を有する建設業の種類として認められているが、土木工事業については、主任技術者の要件として認められていないことに留意する必要がある。

223

8 技術者の資格(指定学科)表

― 法第7条第2号イ該当者法施行規則第1条 ―

下表の学科ごとに、指定学科を認定できる業種が異なります。具体的な指定学科名は■の表を御確認ください。その他の名称の学科でご相談される場合は、事前に履修証明書等を、さらにこの学科が、取得を希望する業種に対応する「施工技士」の資格試験での指定学科に該当している場合は、そのことが分かる資料もあわせて御持参ください。(例:「内装」については「1級建築施工管理技士」試験の指定学科である等)

建設業＼学科	土	建	大	左	と	石	屋	電	管	タ	鋼	筋	舗	しゅ	板	ガ	塗	防	内	機	絶	通	園	井	具	水	消	清	解
土木工学	○				○	○			○		○	○	○	○				○						○		○	○	○	○
建築学		○	○	○	○	○	○			○	○	○			○	○	○	○	○						○	○	○	○	○
都市工学	○	○	○																							○			
電気工学								○												○	○	○							
電気通信工学								○														○							
機械工学									○											○							○		
衛生工学									○											○						○		○	
交通工学																						○	○						
林学																							○						
鉱山学																								○					

※建設業土木、森林土木、砂防、治山、緑地又は造園に関する学科を含む

■具体的な指定学科・類似学科・※並びは上表の学科ごととなっております。

※及びは、学科名の末尾にある「科」「学科」「工学科」は他のいずれにも置き換えが可能です。

■類似学科については、「森林工学科」「農林工学科」「農業工学科」「林業工学科」については、置き換える ことはできません。ただし、「森林工学科」「農林工学科」「農業工学科」「林業工学科」については、置き換える ことはできません。

[土木工学]

開発科	海洋科	海洋開発科	海洋土木科	環境造園科	環境科	環境開発科	環境建設科	環境整備科
環境開発科	環境設計科	環境緑化科	環境緑地科	建設造園科	建設環境科	建設技術科	建設基礎科	建設工業科
建設システム科	建築土木科	鉱山土木科	構造科	砂防科	資源開発科	指定開発科	社会建設科	森林工学科
森林土木科	水工土木科	生活環境科学科	生産環境科	造園科	造園デザイン科	造園開発科	造園建設科	造園林科
地域開発科学科	治山科	地質科	土木海洋科	土木環境科	土木学科	土木建設科	土木建築科	土木地質科
農業開発科	農業技術科	農業土木科	農林工学科	農林工学科(ただし、東京農工大学・鳥取大学・岡山大学・宮崎大学以外について、農業土木科・農業機械学専攻、農業機械学科・専修又はコース を除く。)				
農業土木科	緑地農芸科	緑地土木科	緑地科	林業工学科	林業土木科			

学科名に関係なく<生産環境工学・農業土木・農業工学>コース・講座・専修・専攻

〈参考〉学校教育法の分類による専任技術者各の要件（※指定学科は、学校教育法に基づく学校でなければならず、他の法律に基づく大学院や職業訓練校、各種学校等は対象とはなりません。）

指定学科

【建築学】	環境計画科、建築科、建築設計科、建築システム科、建築第二科、住居デザイン科、造形科
【鉱山学】	鉱山科
【都市工学】	環境都市科、都市システム科
【衛生工学】	衛生科、環境科、住居科、空調設備科、設備科、設備工業科、設備システム科
【電気工学】	情報電子科、制御電子科、通信科、電気科、電気技術科、電気工学第二科、電気情報科、電気通信科、電気電子科、電気・電子科、電気電子情報科、電気応用科、電子科、電子技術科、電子システム科、電子情報システム科、電子通信科、電波通信科、電力科、応用電子科
【機械工学】	応用機械科、機械科、機械技術科、機械工作科、機械航空科、機械電気科、機械システム科、機械情報科、機械精密システム科、機械設計科、機械工学第二科、建設機械科、航空宇宙科、航空科、交通機械科、産業機械科、自動車科、生産機械科、精密機械科、船舶科、船舶海洋システム科、造船科、電子機械科、電子制御機械科、動力機械科、農業機械科、エネルギー機械科
【電気通信工学】	電気通信科

学科名に関係なく機械（工学）コース

学校区分	学校・課程の内容	要件
高等学校	全日制、定時制、通信制、専攻科、別科	指定学科卒業＋実務経験５年
中等教育学校	平成10年に学校教育法の改正により創設された中高一貫教育の学校	指定学科卒業＋実務経験５年
大学、短期大学	学部、専攻科、別科	指定学科卒業＋実務経験３年
高等専門学校	学科、専攻科、別科	指定学科卒業＋実務経験３年
専修学校	専門課程、学科	指定学科卒業＋実務経験５年（専門士、高度専門士であれば３年）

請求書・領収書(控)

No._____

印紙税法第5
条別表第1、
17号の規定に
より非課税

(住所又は所在地) _____

(氏名又は名称) _____ 様

項　　　　　　目	報酬額	備　　　考
小　　　計		
消費税（　　％）		
合　　　計		
立替金その他		
合　　　計		
総　合　計		

本人確認 ：1代表者　2担当者　3個人 資料：□運転免許証　□健康保険証 □パスポート　□その他	受託年月日　　　　年　　　月　　　日 請求年月日　　　　年　　　月　　　日 領収年月日　　　　年　　　月　　　日

❀ 東京都行政書士会会員

事務所所在地

事務所の名称

行政書士氏名

電話番号

職印

請　求　書　　No. _____

（氏 名 又 は 名 称）　_____　様

項　　　　　目	報酬額	備　　　考
小　　　計		
消費税（　　％）		
合　　　計		
立替金その他		
合　　　計		
総　合　計		

上記のとおり，御請求申し上げます。

年　　　月　　　日

✿ 東京都行政書士会会員

事務所所在地

事務所の名称

行政書士氏名

電　話　番　号

職印

領　収　書　No.

（氏名又は名称）＿＿＿＿＿＿＿＿＿＿＿＿＿＿　様

項　　　　　目	報酬額	備　　　考
小　　　計		
消費税（　　%）		
合　　　計		
立替金その他		
合　　　計		
総　合　計		

上記のとおり受領いたしました。

年　　　月　　　日

東京都行政書士会会員

事務所所在地

事務所の名称

行政書士氏名

電話番号

職印

あとがきにかえて

　本書は，「実務直結シリーズ」第2弾として，主に新人の行政書士の方に向けて，建設業業務を受任し，その対価として満足がいく報酬を得られるように，私が思いつくすべてのことを書きました。

　あれから約6年が経過し，建設業法に関連した制度について，電子申請導入や度重なる法改正の影響を受け，手続きの行く末が不明確になってきたと感じています（令和5年7月現在）。

　一例を挙げれば，健康保険証を廃止してマイナンバーに統一するという流れの中で，廃止後の経営業務管理責任者，専任技術者の常勤性立証書類は，何に変更されるのかといったことなどです。

　行政のあり方に真っ向から影響を受けるのが行政書士の業務ではありますが，そんな時だからこそ，手続きの本質，基本を理解することが望ましいと強く感じています。

　可能な限り，役立つ内容を盛り込んだつもりですが，まだ，書き足りない点も多々あると思います。本書が，読者の皆様の行政書士業務遂行に何かしら役立つことを願っております。

　最後になりますが，本書は，相談者，依頼者の皆さん，行政書士その他士業の先生方，役所の担当者，出版社の方々そして読者の皆さんとの交流から生まれたものです。

　そのすべての皆さんに，心より感謝申し上げます。
　ありがとうございました。

索　引

□キーワード索引

【あ行】

【か行】

【さ行】

【た行】

□法令索引

建設業法

建設業法施行規則

建設業法関連の通達等

著者紹介

菊池　浩一（きくち　こういち）
1967年　東京生まれ
最終学歴は成城大学大学院法学研究科修士課程修了
2001年　行政書士登録
現在，菊池法務行政書士事務所所長
役職　現在，東京都行政書士会市民相談センター相談員兼委員（令和5年5月現在）

（事務所紹介）

　私は，平成13年5月に開業以来
「法令を研鑽し紛争を未然に防止する」
を自身の使命として，次の三つを軸に業務を行ってきました。

「遺言・相続」手続
「建設業許可」手続，
「法的書面」作成（法的関係の確認及び契約書等）

「親の相続を無事に乗り切ることができるだろうか」
「自分の相続で家族が不仲にならないだろうか」
「遺言を書いてみたけど，これで大丈夫だろうか」
「取引先から建設業の許可を取得するように言われてしまった」
「申請書の作成が思うように進まない」
「契約書の作り方がわからない」
「契約書にハンコを押していいのか迷っている」　など

　このような不安や心配事につき，今後も引き続き，ご要望を十分お聞きした上でお一人お一人に可能な限り，最適な「紛争予防策」をご提案していきたい，そして，さらに研鑽を積み依頼者の方から「信頼される」法務サービス提供・品格ある事務所作りを目指していきたいと思います。

監修者紹介

竹内　豊（たけうち　ゆたか）
1965年　東京に生まれる
1989年　中央大学法学部卒，西武百貨店入社
1998年　行政書士試験合格
2001年　行政書士登録
2017年　Yahoo！JAPANから「Yahoo！ニュース　エキスパート」のオーサーに認定される。
テーマ：「家族法で人生を乗り切る。」
現　在　竹内行政書士事務所　代表
行政書士合格者のための開業準備パーソナル講座　主宰
http://t-yutaka.com/

　事務所のコンセプトは「遺言の普及と速やかな相続手続の実現」。その一環として，「行政書士合格者のための開業準備実践ゼミ」や出版・ブログを通じて実務家の養成に努めている。

　また，「家族法で人生を乗り切る」をテーマにYahoo！ニュースに記事を提供している。

【主要著書】
『そうだったのか！　行政書士』2023年，税務経理協会
『新訂第3版　行政書士のための「遺言・相続」実務家養成講座』2022年，税務経理協会
『行政書士のための「銀行の相続手続」実務家養成講座』2022年，税務経理協会
『行政書士合格者のための開業準備実践講座（第3版）』2020年，税務経理協会

『行政書士のための「高い受任率」と「満足行く報酬」を実現する心得と技』2020年，税務経理協会

『親が亡くなる前に知るべき相続の知識，相続・相続税の傾向と対策〜遺言のすすめ』（共著）2013年，税務経理協会

『親に気持ちよく遺言書を準備してもらう本』2012年，日本実業出版社

『親が亡くなった後で困る相続・遺言50』（共著）2011年，総合法令出版

【監修】

『増補改訂版　99日で受かる！行政書士最短合格術』2022年，税務経理協会

『行政書士のための「産廃業」実務家養成講座』2022年，税務経理協会

『行政書士のための「新しい家族法務」実務家養成講座』2018年，税務経理協会

【実務家向けDVD】

『実務担当者のための「銀行の相続手続」養成講座』2022年

『実際にあった遺産分割のヒヤリ事例10』2021年

『遺言・相続実務家養成講座』2018年

『落とし穴に要注意！　遺言の実務Q&A 72』2017年

『わけあり相続手続　現物資料でよくわかるスムーズに進めるコツ大全集』2017年

『相続手続は面談が最重要　受任率・業務効率をアップする技』2016年

『銀行の相続手続が「あっ」という間に終わるプロの技』2016年

『遺言書の現物17選　実務"直結"の５分類』2015年

『現物資料61見本付！　銀行の相続手続の実務を疑似体験』2015年

『遺産分割協議書の作成実務　状況別詳細解説と落とし穴』2015年

『銀行の相続手続　実務手続の再現と必要書類』2015年

『作成から執行まで　遺言の実務』2014年

『そうか！遺言書にはこんな力が　転ばぬ先の遺言書　書く方も勧める方も安心の実行術』2013年

『自筆証書遺言３つの弱点・落とし穴　そこで私はこう補います』2013年

『夫や親に気持ちよく遺言書を書いてもらう方法』2012年

以上お申込み・お問合せ
株式会社レガシィ

【主要取材】
『週刊ポスト』～「法律のプロ25人だけが知る，絶対にもめない損しない相続」
2022年７月１日号

『週刊ポスト』～「夫婦でやめると幸せになる111の秘訣」2022年６月24日
号

『週刊ポスト』～「相続・親戚トラブルでビタ一文払わない鉄則15」2022年
６月10・17日号

『女性自身』～「親族ともめない相続マニュアル」2021年11月２日号

ABCラジオ『おはようパーソナリティ道上洋三です』～「遺言書保管法のいろ
は」2020年７月22日

『女性自身』～「特集　妻の相続攻略ナビ」2019年３月26日号

文化放送「斉藤一美ニュースワイド SAKIDORI」～「相続法，どう変わったの？」
2019年１月14日放送

『はじめての遺言・相続・お墓』～2016年３月，週刊朝日 MOOK

『週刊朝日』～「すべての疑問に答えます！　相続税対策Q&A」2015年１月９
日号

『ズバリ損しない相続』2014年３月，週刊朝日 MOOK

『朝日新聞』～「冬休み相続の話しでも」2013年12月18日朝刊

『週刊朝日』～「不動産お得な相続10問10答」2013年10月８日号

『週刊朝日臨時増刊号・50歳からのお金と暮らし』2013年７月

『週刊朝日』～「妻のマル秘相続術」2013年３月８日号

『週刊朝日』～「相続を勝ち抜くケース別Q&A 25」2013年１月25日号

『週刊朝日』～「2013年版"争族"を防ぐ相続10のポイント」2013年１月18日号

『婦人公論』〜「親にすんなりと遺言書を書いてもらうには」2012年11月22日号

『週刊 SPA！』〜「相続＆贈与の徹底活用術」2012年9月4日号

【講演・研修】

東京都行政書士会，栃木県行政書士会，東京都行政書士会新宿支部，朝日新聞出版，日本生命，ニッセイ・ライフプラザ　他

［メディア］

　Yahoo！ニュース エキスパート　オーサー（テーマ「家族法で人生を乗り切る。」）

ヤフー　竹内豊 | 検索

行政書士のための
建設業 実務家養成講座〔第3版〕

2016年11月30日　初版第1刷発行
2017年5月30日　初版第2刷発行
2018年7月30日　第2版発行
2023年8月20日　第3版発行

著　　　者　菊池浩一
監　　　修　竹内豊
発　行　者　大坪克行
発　行　所　株式会社税務経理協会
　　　　　　〒161-0033東京都新宿区下落合1丁目1番3号
　　　　　　http://www.zeikei.co.jp
　　　　　　03-6304-0505
印刷・製本　株式会社　技秀堂
カバーデザイン　グラフィックウェイヴ
編　　　集　小林規明

本書についての
ご意見・ご感想はコチラ

http://www.zeikei.co.jp/contact/

JCOPY ＜出版者著作権管理機構 委託出版物＞
ISBN 978-4-419-06945-2　C3032